上海大学出版社

2005年上海大学博士学位论文 48

群体和多目标决策的理论、方法及大气传播研究

● 作 者: 洪 振 杰

● 专 业: 运 筹 学 与 控 制 论

● 导 师: 张 连 生　胡 毓 达

A Dissertation Submitted to
Shanghai University for the Degree
of Doctor in Science (2005)

Some Theories and Methods in Group Decision-Making and Multicriteria Decision-Making, and Atmospheric Propagation Study

Dr. Candidate: HONG Zhenjie
Supervisor: ZHANG Liansheng and HU Yuda
Major: Operational Research and Control Theory

Shanghai University Press
· Shanghai ·

上 海 大 学

本论文经答辩委员会全体委员审查,确认符合上海大学博士学位论文质量要求。

答辩委员会名单:

主任:	王哲民	教授,复旦大学管理学院	200433
委员:	梁治安	教授,上海财经大学数学系	200030
	濮定国	教授,同济大学数学系	200030
	孙世杰	教授,上海大学理学院	200030
	严豪健	研究员,中科院上海天文台	200030
导师:	张连生	教授,上海大学	200072
	胡毓达	教授,上海大学	200072

评阅人名单：

越民义	研究员，中科院应用数学所	100080
陈光亚	研究员，中科院应用数学所	100080
冯恩民	教授，大连理工大学应用数学系	116024

评议人名单：

徐玖平	教授，四川大学工商管理学院	610065
王哲民	教授，复旦大学管理学院	200433
于英川	教授，上海大学管理学院	200072
龚循华	教授，南昌大学数学与系统科学院	330047

答辩委员会对论文的评语

此文研究的群体决策和多目标决策的有关理论和方法，以及最优化在大气传播中的应用，是运筹学中具重要理论意义和应用价值的课题。

论文提出并证明了群体惩罚评分映射偏比映射满足的六个理性条件；给出求解随机偏爱信息，多属性权重和专家权重不完全信息群体决策，以及群体多目标决策的诸多方法，它们均具创新性。文章还得到关于多目标决策有效点集的连通性和锥弱有效点集和稳定性，这是对已有结果的重要推进。文章将最优化方法用于处理无线电信号在大气传播的工作具有创见。

作者对所研究问题的主要文献和国内外研究动态有全面掌握。文章层次分明，表述清楚，反映了作者具有扎实的数学基础和独立从事科研工作的能力，文章是一篇优秀的博士论文。

答辩委员会表决结果

经答辩委员会表决，全票同意通过洪振杰同学的博士学位论文答辩，建议授予工学博士学位。

答辩委员会主席：王哲民

2005年6月11日

摘　要

本文包括三部分工作：在群体决策和不完全信息群体决策的理论和方法方面取得若干成果；得到多目标决策有效解集的连通性和弱有效解集的稳定性的新结果；研究了最优化方法在大气传播问题中的应用。

群体决策和多目标决策是运筹学和决策科学中具有广泛应用范畴的学科分支。群体决策研究如何集结各决策个体的偏爱关系来构造群体偏爱关系，由此按照问题的属性对供选方案进行群体偏爱排序或选优的问题。群体决策的理论和方法研究关系到现代逻辑、序数理论、概率统计以及各种最优化理论和方法，它的应用遍及社会选择、福利经济、政治协商以及文体和军事决策等。多目标决策研究在某种意义下多个属性或多个数值目标的最优化问题，其理论涉及非线性泛函分析、凸分析、非光滑分析、集值映射等多门学科领域。多目标决策在工业生产、金融投资、交通运输、环境保护、军事决策等诸多社会实际问题中均具有极其重要的应用。群体多目标决策则是群体决策和多目标决策相互交叉的一个新的研究领域，它主要研究决策群体按照某种偏爱结构对多个目标的最优化问题进行决策的过程，其理论和方法是群体决策和多目标最优化两大理论和方法体系的横断交叉和延伸拓展。

本文在以下五个方面取得研究成果：(1) 提出基数型群体决策偏爱映射的 6 个新的理性条件，并且分别证明了群体惩罚评分映射(方法)和群体偏比映射(方法)满足这些条件;(2) 给出求解群体多目标决策问题的理想偏爱法和求解随机偏爱群体决策的随机 Borda 数法;(3) 研究了不完全信息群体多属性决策问题的属性权重信息、效用信息和各决策者权重信息的集结方法,并且构造了一种新的交互式群体多属性决策的弱序偏爱强度法;(4) 得到多目标决策有效解集的连通性和锥弱有效解集的稳定性的新结果;(5) 研究了最优化理论关于无线电信号在大气中传播的正演问题(大气折射)和反演问题(GPS 掩星技术)的某些应用。

本文共五章。

第一章,综述了群体决策(包括不完全信息群体决策)和多目标决策的学科发展以及和本文工作有关的研究动态概况,介绍了大气传播问题的研究意义。

第二章,讨论群体决策的理性检验问题和排序方法。前两节给出基数型群体惩罚评分映射和群体偏比映射的匿名性、中立性、正响应性、非负响应性、强 Pareto 原则以及局部非独裁性等 6 个理性条件,并且分别证明了它们满足所有这些条件。第三节给出一个关于随机偏爱的群体决策方法。首先,利用决策个体在供选方案集上的随机偏爱,借助 Borda 数的思想,引进了群体在供选方案集上的随机 Borda 数以及随机 Borda 数映射。然后,给出一个对所有供选方案进行群体偏爱排序的方法。

第三章,研究不完全信息的群体多属性决策问题的属性权重信息、效用信息和各决策者权重信息的集结问题。第一节讨论当各决策者给出的属性权重信息有冲突时,如何集结属性权重信息。第二节研究在专家权重不完全确定的假设下,根据专家提供的各种不完全信息，用系统聚类分析原理集结专家权重系数。第三节构造了一种交互式的群体多属性决策在弱序意义上的偏爱强度方法。

第四章，讨论多目标决策解集的连通性和稳定性，并且给出一种求解群体多目标决策问题的理想偏爱法。第一节研究了点集映射的半连续性与有效点集的连通性。在研究多目标规划的有效解集的连通性时，许多文献将集合的有效点集表示为某个连通集上的闭点集映射的象集。本节通过反例说明了连通集上的闭点集映射的象集未必是连通集。进而，借助于点集映射的上半连续性，给出了集合的有效点集的连通性的一个新结果。第二节研究序锥扰动下锥弱有效点集的稳定性，改进了关于锥扰动下锥弱有效点集的上半连续稳定性的相关结果，还进一步给出一个锥扰动下锥弱有效点集在下半连续意义上的稳定性结果。第三节构造了一个求解群体多目标决策问题的方法。利用各决策者提供的多目标函数在供选方案集上的目标点和相应多目标最优化模型的理想点之间的距离，定义了供选方案集上的个体理想偏爱和群体理想偏爱概念。据此，构造了一个对群体多目标最优化问题的所有供选方案进行群体排序的方法。

第五章，讨论最优化方法在无线电信号大气传播的正演问题和反演问题研究中的某些应用。第一节结合具有代表性的探空气球站观测资料，比较了用标准大气模型建立的映射函数与探空气球资料路径积分的结果，研究了用标准大气模型建立映射函数的可靠性，并讨论了映射函数中地球物理参数优化选择的若干问题。作为最优化方法的第二个应用实例，第二节中以欧洲中尺度天气预报分析(ECMWF)资料为背景场,德国CHAMP卫星掩星观测得到的折射率剖面为观测值,采用Levenberg-Marquardt优化方法实行GPS掩星资料一维变分同化,并用相应的探空气球资料来检验CHAMP掩星资料变分同化结果。

关键词 群体决策,不完全信息,多目标决策,连通性,稳定性,大气模型, GPS掩星

Abstract

This thesis describes research works in three parts: some results in the theory and method of group decision-making and incomplete information group decision-making, new conclusions regarding the connectedness and stability of efficient solution sets and weakly efficient solution sets for multicriteria decision-making problem, and some applications of optimization methods in atmospheric propagation.

Group decision-making and multicriteria decision-making are important branches of operational research and decision-making science and have broad application. Group decision-making studies ways of aggregating individual preference to form group preference, and by which to ordering all alternatives of group decision-making problem. The research of its theories and methods involves modern logic theory, ordinal theory, probability and statistics theory, and various methods in optimization theory. The application of group decision-making theory extends to social choice, welfare economics, political bargain, physical game and military decision-making. Multicriteria decision-making investigates optimization problem with multi-attribute or multi-numerical-objective. Its theory involves non-linear functional analysis, convex analysis, non-smooth analysis, set-value mapping etc.

And it has found wide application in modern production administration, financial investment, transportation, environmental protection, and military decision-making etc. Group multicriteria decision-making extends theories and methods of group decision-making and Multicriteria decision-making and is a new cross field of two, and investigates the decision-making processes of multicriteria optimization problem with group preference structure.

This thesis presents the following five aspects of results:

(1) Some new conditions of rationality for cardinal group decision-making preference mapping are introduced and that group penalty-mark-mapping and group preference-ratio-mapping are proved to satisfy these conditions; (2) The Borda-number stochastic preference method for solving group decision-making problems and the utopian preference method for solving group multiobjective optimization problems are given; (3) The methods of aggregating the incomplete information of attribute weights, alternative utilities and weights of decision-makers for group multicriteria decision-making problem with incomplete information are studied, and a new interactive preference-strength method for solving group multicriteria decision-making problems with incomplete information is established; (4) New results with regard to the connectedness of efficient solution sets and stability of cone-weakly-efficient solution sets for multiobjective programming problems are obtained; (5) Some applications of optimization methods in atmospheric refraction and atmospheric inversion

are studied and discussed.

This thesis consists of five chapters.

In Chapter 1, the development of group decision-making and Multicriteria decision-making are summarized and the related research works are introduced. Then the atmospheric refraction and atmospheric inversion problems are presented.

In Chapter 2, the rational condition checking and ordering method for group decision-making is studied. In the first two sections the six conditions of rationality for cardinal group decision-making preference mapping as anonymity, neutrality, positive responsiveness, nonnegative responsiveness, strong Pareto rule, and local non-dictatorship are defined and the group penalty-mark-mapping and group preference-ratio-mapping are verified to satisfy all these conditions. In the third section a new stochastic preference method to solve group decision-making problem is established. After introducing the concepts of stochastic Borda-number for an alternative and stochastic Borda-number mapping on a set of alternatives for group decision-making problem, various fundamental properties of Borda-number mapping are discussed and the corresponding stochastic preference axiom system is established, and a group ordering method for all alternatives is constructed.

In Charter 3, the methods to congregate the incomplete information of attribute weights, alternative utilities and decision-maker weights for group multicriteria decision-making problem with incomplete information are studied. In the first section, a method to congregate the incomplete and inconsistent information of attribute weights is given. In the second section, the hierarchical clustering method is used to classify the decision-makers. In the third section a new interactive preference-strength method for solving group multicriteria decision-making problem with incomplete information is established in the sense of weak ordering.

In Chapter 4, some results on the connectedness of efficient solution sets for multiobjective optimization problems and the stability of cone-weak-efficient solution sets are obtained, and the utopian preference method for solving group multiobjective optimization problems are established. In the first section, the connectedness of efficient solution sets and upper-semicontinuity of point-to-set map are studied. When studying the connectedness of efficient solution sets of multiobjective programming problems, many papers represent efficient point sets as the image sets of the closed point-to-set map of some connected sets. Using a counterexample, this section shows that a closed point-to-set map on a connected set is not necessary connected. And with the help of the upper-semicontinuity of point-to-set map, a new result about the connectedness of efficient point sets of the sets is derived. In the second section some new results on stability of cone-weak-efficient point sets are obtained. In the third section the utopian preference method for solving group multiobjective decision-making problem are established. The concept of the utopian preference mapping from the individual utopian preferences to the group utopian preferences, based on the utopian points of the corresponding multiobjective optimization models proposed by decision makers are introduced. Through the study of various fundamental properties of the utopian preference mapping, a method for solving group multiobjective optimization problems with multiple multiobjective optimization models is constructed.

In Chapter 5, two applications of optimization methods in atmospheric refraction and atmospheric inversion problems are discussed. In the first section incorporated with two representative radiosonde stations data, the mapping functions from the Standard Atmosphere with that from radiosonde data ray-tracking technique are compared, and the reliability of the mapping function from the Standard Atmosphere have been assessed. A brief discussion on the choice of meteorological and geophysical parameters has been made by simulation computations. In the second section it is showed that the assimilation of GPS/LEO occultation data may effectively improve current numerical weather prediction model. The retrieval samples from CHAMP occultation refractivity profile is presented through 1DVAR retrieval technique based on Levenberg-Marquardt algorithm associated with the background field from the European Center for Medium Range Weather Forecasting (ECMWF) analyses. As a part of discussion, the retrieved profiles are compared with correlative radiosonde data.

Key words group decision-making, incomplete information, multicriteria, decision-making, connectedness, stability, Standard Atmosphere, GPS occultation

目　录

第一章 绪 言

决策是人类的一项基本活动，它是指为达到某种目的而在众多可行方案中进行选择的过程。由于决策面对的是未来可能发生的事件，客观环境复杂多变、信息不充分、时间紧迫及决策者主观因素复杂等原因都会直接影响决策的正确性。因此，以提高决策的合理性和有效性为目的的决策理论和决策方法的研究就显得非常重要。

尽管人类的决策活动有着悠久的历史，但是决策成为一个专门研究领域只是近一两个世纪的事情。1966 年 R. A. Howard 在第四届国际运筹学大会上正式提出了“决策分析”的名称之后，决策科学研究从单目标决策问题发展为多目标决策问题，从个体决策扩大到群体决策，从定时决策扩展到时序决策，从确定性偏爱决策推广到模糊偏爱决策和随机偏爱决策等，形成了一个生气勃勃的研究领域。特别是进入 20 世纪 80 年代以来，随着计算机技术的发展，产生了决策支持系统这一新的研究方向，许多大型的决策优化问题在计算机的帮助下得到解决。决策科学的理论研究和应用研究都取得巨大的进展。

本章分三节，第一节和第二节分别综述了群体决策和多目标决策的发展概况和前沿研究动态。第三节对大气传播的正演问题和反演问题作了简介。

§1.1 群体决策研究概况

群体决策研究如何在集结决策个体偏爱关系的基础上，构造群体偏爱关系，并按照问题的属性对供选方案进行群体偏爱排序或选优的问题。它的理论和方法建立在数学、经济学、社会学、心理学等众多学科的基础之上。群体决策在政治、经济、文化、军事等方面具有广泛的指导意义和应用价值。群体决策的理论框架是在第二次世界大战以后逐渐形成的,因为二战后随着社会的进步和经济的发展,政治民主化、经济市场化、军事现代化、竞技科学化等进程的步伐加大,促使群体决策的思想和方法逐步发展起来。

关于群体决策的研究,早期的文献可以追溯到法国数学家 J. C. Borda 于 1781 年发表的关于选举制度的探索[1],1785 年 M. de Condorcet 对投票选举的研究[2],以及 1882 年 E. J. Nanson 关于投票悖论的讨论[3]。群体决策的研究和西方国家中福利经济学的发展有着密切的关系,1938 年 A. Bergson 引进社会福利函数[4]和 1947 年 P. A. Samuelson 对社会福利函数的研究[5],使得群体决策的研究更系统化和理论化。它真正作为一门学科的出现是在二战以后,尤其是 1951 年,K. J. Arrow 关于偏爱公理和不可能性定理的群体偏爱理论的发表[6],为群体决策的形成初步奠定了理论基础。此后,A. K. Sen 等许多学者对 Arrow 不可能性定理进行了探讨[7-9],并提出各种变化形式。同时,一些数学工作者也开始研究社会选择理论,进一步从排序[10-11]、公理化[12]和集结方法[13-14]的角度去研究群体决策问题,使群体偏爱理论的研究进入一个更深的层次。

当许多学者尤其是经济学家们为完善和发展社会选择理论而探索时,R. L. Keeney 于 1976 年[12],J. S. Dyer 和 R. K. Surlin 于 1979 年[15]率先意识到 Arrow 不可能性定理成立的原因在于,该社会选择理论忽视了决策个体偏爱的强度问题,于是建立了偏爱强度的概念,使得偏爱从序数意义开始推广到基数意义。同时,将群体决策结合于解决多目标问题,致使群体决策的研究不再囿于投票选举,并且使群体决策研究的对象也不再单纯是有限个供选方案,而可以是无限个供选方案的一般情形[16]。这标志,群体决策的理论研究开始突破社会选择理论框架,向更深更广的方向发展。

群体偏爱分析是群体决策研究的理论基础,它主要研究个体偏爱集结为群体偏爱所对应的映射满足的条件,即群体决策的公理体系，以及这种映射的存在性问题。C. R. Plott 系统地总结和评价了人们在群体决策公理体系方面的研究工作[17]；R. Ramanathan 和 L. S. Ganesh 从一系列群体决策公理中提炼出了四个最一般的公理[18]。此外，一些学者认为决策个体和决策群体的偏爱结构可能是模糊的，因而建立了模糊偏爱公理体系[19-21]。

近期，胡毓达等开拓了几类基数型群体决策的研究，提出了偏差度、偏比度和惩罚评分等一系列基数型群体决策的概念和方法，构建了相应的公理体系，给出了群体偏爱排序的方法[30-36]。其公理体系包含了用序数偏爱关系描述的 Arrow 公理体系，但与 Arrow 不可能性定理的结果不同的是，在引入基数型偏爱泛函的情况下，以基数偏爱精细地刻画出决策个体和决策群体关于供选方案对之间的偏爱差异，证明了满足所有相应偏爱公理的群体偏爱映射是存在的。这些工作是传统社会选择理论向现代群体决策理论发展中的重要成果。

自以上几位先驱者的开创性工作以后，一大批学者在群体决策的理论和方法方面作出了十分有意义的研究[22-43,54-74]。今天，群体决策的理论和方法研究涉及广泛的数学理论，以计算机技术为依托，其应用遍及政治、经济、军事、体育、人文等各个方面。群体决策正在逐步形成为包括群体偏爱分析、群体排序规则、群体效用理论、偏爱展示理论、对策型群体决策、群体多目标决策以及群体决策支持系统等众多研究方向的一门重要的应用学科。

关于群体偏爱分析，A. K. Sen 发展了 K. J. Arrow 的理论，特别是借助引入选择函数，将 Arrow 关于社会福利函数存在性的不可能性结果发展为社会决定函数存在的可能性结果，使得集体选择和社会福利的研究取得了突破性的进展[75]。在决策者提供各方案偏爱强度时，对有限个供选方案的情况，他给出存在偏爱映射满足相应公理系的结果。本文在第二章第一、二节中推广了 K. O. May 和 A. K. Sen 的序数型的理性条件，给出基数型的匿名性、中立性、正响应性、非负响应性、强 Pareto 原则以及局部非独裁性等条件，并且证明了群体惩罚评分映射和群体偏比映射满足所有这些条件。

由于现实中决策者提供的偏爱信息有时可能是随机的，胡毓达将 Arrow 不可能性定理扩展到随机偏爱的情况，建立了随机偏爱公理体系并证明了相应的不可能性定理[42]。本文第二章第三节利用决策个体在供选方案集上的随机偏爱，借助 Borda 数的思想，引进了群体在供选方案处的随机 Borda 数以及方案集上的随机 Borda 数映射。在检验了随机 Borda 数映射满足随机偏爱公理情况的基础上，给出一个对所有供选方案进行群体偏爱排序的方法。

研究群体多属性决策问题一般需要决策者提供各属性权重信息、效用信息和各决策者权重信息。但决策者在决策时对群体多属性问题的属性权重、决策者权重或效用常常会难以完全确定和量化，所以，关于不完全信息的群体多属性决策的研究已日益得到重视[40,63,78-83]。S. H. Kim 等人考虑了在属性或效用的不完全信息可用某类线性不等式表达的情况，借助于线性规划给出了求解方法[78-81]。本文第三章则研究不完全信息的群体多属性决策的属性权重信息、效用信息和各决策者权重信息的集结问题。第一节研究当各决策者给出的属性权重信息有冲突时，如何集结属性权重信息。第二节研究在专家权重不完全确定的假设下，根据专家提供的各种不完全信息，用系统聚类分析原理集结专家权重系数。第三节引进了弱优概念，构造了一种新的交互式的群体多属性决策的弱优偏爱强度法。

§1.2 多目标决策综述

多目标决策是应用数学和决策科学的一个交叉学科分支，它研究在某种意义下多个数值目标的最优化问题，其理论涉及现代分析和经济学等方面的多门学科领域。由于在一定意义下，实际的最优化问题一般都含有多个目标，因此多目标最优化的理论和方法在现代经济和社会发展中具有十分广阔的应用前景。

回顾最优化理论的发展历史不难发现，在早期，人们把实际上为多个目标的最优化问题转化为单目标问题加以处理。在对经济学理论的深入研究中，人们逐步感悟到建立多目标最优化理论体系的重要性。多目标最优化起源于19世纪末20世纪初，但真正作为应用数学中的独立学科分支，乃是20世纪七八十年代的事情。尤其是近十多年来，大批运筹学家、数学家、数量经济学家和系统科学家的艰苦工作，为多目标最优化学科建立了严整的理论体系。

多目标最优化的发展可以分为三个时期：19世纪末20世纪初为萌芽期，20世纪50年代到70年代为形成期，70年代以后为发展期。1906年，V. Pareto在福利经济的研究中考虑了多目标最优化问题，并提出了Pareto最优的概念[91]。而后，E. Borel关于心理对策[92]，J. Von Neumann关于对策论[93]，G. Contor关于有序集[94]，以及F. Housdorf关于序空间理论[95]等的研究成果为多目标最优化的形成和发展提供了基本的理论工具和必要条件。50年代初，T. C. Koopmans从数量经济角度对多目标最优化所做的基础工作[96]，H. W. Kuhn和A. W. Tucker关于向量极值的研究[97]，G. Debreu有关评价均衡的讨论[98]，以及L. Hurwicz[99]在一般向量空间对多目标最优化的研究，为多目标最优化学科的形成奠定了坚实的理论基础。在此基础上，由于大批数学工作者加入了多目标最优化理论的研究行列，使得这一学科的研究更具理论性和系统性。至今，它已成为应用数学的一个重要学科分支。

由于多个数值目标可以表示为一个向量目标，而空间中向量间的大小比较要涉及不同意义下的序关系，所以研究多目标最优化的首要问题是在序结构下如何定义解的概念问题。通常，人们要考虑使多目标最优化问题中的各目标函数在某种意义下均为非劣的所谓有效解。因而，对多目标最优化问题的研究，就是对各种意义上的有效解的研究。

从各种意义下有效解概念的建立，我们可以从中看到多目标最优化基本思想的历史发展进程。自20世纪初V. Pareto提出Pareto最优的概念之后，50年代T. C. Koopmans首先给出了有效解的概念[96]，H. W. Kuhn 和 A. Tucker 引进了 K－T 恰当有效解[97]，S. Karlin 则定义了弱有效解[100]。到了 60 年代后期，A. M. Geoffrion 等从不同的角度，提出了各种恰当有效解的概念[101-106]。尤其是，1974 年 P. L. Yu 利用描述目标空间序的闭凸控制结构引进了非受控解的概念[106]；1992 年胡毓达则分别利用特殊的非闭凸的较多锥定义了较多有效解，后又提出了 ε-恰当有效解的重要概念[107-113]。迄今为止，有影响的有效解概念已多达二十余种。对于解的最优性条件，继 H. W. Kuhn 和 A. W. Tucker[97]、K. J. Arrow 等的工作之后[114]，又有 N. O. Da Cunha 和 E. Polak 等的结果[115-122]。国内学者则主要有陈光亚、林锉云、汪寿阳等人的工作[43-53,123-132]。1996 年，胡毓达等又建立了较多有效解类的最优性条件[133-135]。

在引进多目标最优化解的概念的基础上，人们相继建立并研究了多目标最优化问题的对偶性，解的稳定性，解集的连通性等问题，取得了丰硕的理论成果。

多目标优化理论的重要课题之一是研究有效解集的拓扑结构，其中的连通性等拓扑性质，因其与不动点有密切联系而在经济均衡理论中有着重大作用，所以备受人们关注。自 1978 年 Naccache 在有限维空间中讨论了多目标规划问题有效解集的连通性以来，已有众多学者对此作了研究[136-148]。对于有限维空间，D. T. Luc 证明拟凸（强拟凸）多目标规划的弱有效解集（有效解集）是连通的[137]。随后，P. H. Naccache 和 S. Schaible 等人各自在无限维空间中引进了锥拟凸映射的概念，分别将[137]中的结果推广到无限维空间[138-139]。由于当目标映射是强拟凸时有效解集与弱有效解集等同，因此寻找有效解集连通的更弱条件具有很重要的意义。文[140]以及文[141]先分别研究了二维和三维空间空间中严格拟凸多目标规划有效解集的连通性问题，而后文[142－143]对任意有限维严格拟凸多目标规划问题证明了其有效解集是连通的结论。

本文第四章第一节研究了点集映射的闭性、半连续性与有效点集连通性的关系。在研究多目标规划的有效解集的连通性时，许多文献将集合的有效点集表示为某个连通集上的闭点集映射的象集。本节通过反例说明了连通集上的闭点集映射的象集未必是连通集，进而借助于点集映射的上半连续性的概念，给出了集合的有效点集的连通性结果[149]。

自 20 世纪 70 年代末以来，多目标规划有效解集的稳定性问题受到人们的重视，成为多目标规划理论研究的重要课题。至今，国内外在变量扰动和序扰动的稳定性方面已经取得了较为完整的结果[150-156]。首先，P. H. Naccache 在有限维空间中研究了向量目标函数和约束函数受扰动时，多目标规划的锥有效解集和锥弱有效解集在半连续意义上的稳定性[150]。之后，T. Tanino 和 Y. Sawaragi 讨论了多目标规划的可行集和目标空间的控制结构受扰动时，多目标规划的非受控解集在半连续意义上的稳定性[151]。徐士英在 Banach 空间中考虑了向量目标函数和控制结构同时受扰动时，双扰动多目标规划的锥有效解集和锥弱有效解集的稳定性[152]。T. Tanino 则研究了当扰动向量目标函数和扰动约束集值映射是锥凸时，多目标规划的锥有效解集和锥弱有效解集的稳定性和灵敏性[153]。此外，胡毓达和徐永明引进点集映射的次微分概念，利用它更深入地揭示了当目标函数和约束锥受扰动时，多目标规划问题在次微分意义上的整体稳定性和局部稳定性[155]。最近，胡毓达和孟志青定义了更广泛的点集映射相对于给定向量的锥次微分和锥弱次微分概念，借此更一般地得到了当问题的控制锥受扰动时，局部凸拓扑向量空间的多目标规划问题分别在锥次微分和锥弱次微分意义上的稳定性结果[156]。本文第四章第二节借助于半连续性概念，研究了在拓扑向量空间中多目标规划锥扰动下弱有效点集的稳定性。改进了关于锥扰动下锥弱有效点集的上半连续稳定性的相关结果，还进一步给出一个锥扰动下锥弱有效点集在下半连续意义上的稳定性的新结果[157]。

关于群体多目标决策，自 1980 年以来，人们研究具有不同个体偏爱和同一多目标最优化模型的群体多目标最优化问题。之后，开始研究由不同决策者提供不同多目标最优化模型的群体多目标最优化问题。对于上述两类问题,人们一般采用引入适当的效用函数,将多个目标的最优化问题转化为相应的单个目标的最优化问题,同时将多人的偏爱结集为群体的偏爱[43,76,77]。由于这种传统的方法最终是将问题归为求解一个通常的数值最优化问题,因而一般只能得到对于该群体而言是某种意义下的一个最优解。对于具不同多目标最优化模型的一般的群体多目标最优化问题,胡毓达提出了联合有效解的概念,开展了系统的研究[44-48]。本文第四章第三节利用各决策者提供的多目标函数在供选方案集上的目标点和相应多目标最优化模型的理想点之间的距离,定义了供选方案集上的个体理想偏爱和群体理想偏爱概念。在讨论了从个体理想偏爱到群体理想偏爱的理想偏爱映射的基本性质之后,构造了一个对群体多目标最优化问题的供选方案进行群体排序的理想偏爱法[158]。

§1.3 大气传播的正演与反演问题

大气折射正演是天文学和大地测量学中的一个经典的研究课题,它具有相当悠久的研究历史。大气折射研究中存在两个根本性的困难:地球大气分布模式的复杂性与时变性和大气折射积分的解析不可积性。

在过去的 20 世纪中,科学和技术发生巨大的变化,特别是计算机和人造卫星技术获得惊人的成就。这个变更给测量技术领域带来了新的机遇和挑战,出现了以卫星测量为代表的新一代空间测量技术;它们在根本上改变了传统的自然天体方位测量模式。

限制大气折射归算精度的原因,在于地球大气剖面的描述和大气折射积分的解析不可积性。大气折射计算方法的研究,基本上是随着观测精度的提高和大气模型的改进而发展的。

大气折射研究中所使用的大气模式可以分成两大类:理论大气模型和实测大气剖面。前一类是在一定的物理约束条件下(如流体静力学方程、理想气体方程、连续性假设等),通过全球或局部的大气探测资料，建立一个数学上的解析模型。在近代大气折射研究中，使用的理论大气模型主要有：指数模型、Hopfield 模型、Saastamoinen 及与它相似的标准大气模型。从理想气体状态方程出发，在等温条件下推出的指数大气折射率模型是最简单的理论大气模型。虽然其他两种理论大气模型比指数模型更加接近于实际大气分布，但是它们数学形式上的相对复杂性会带来大气折射理论研究的复杂性，以及计算过程中需要更多的计算机时[159]。第二类大气模式是直接用实测大气剖面进行描述，最常用的是探空气球资料。它们的特点是真实地描述测站上空的大气分布。它们的缺点是具有很强的时间上和空间上的局限性。因此，选择大气模型是大气折射研究中首先考虑的问题之一。

研究大气折射积分(包括弯曲和延迟)的数学方法大致可以分成三大类：第一类是把大气折射积分中的被积函数按高度角(或天顶距)的三角函数进行级数展开，然后在一定的大气模型下逐项进行积分。这种方法已经沿用了几百年之久，展开形式也已发展到十分精巧的地步[160-161]。第二类是从 Marini 连分式基础上发展起来的映射函数方法，它原先用于大气延迟研究中。这种方法的特点是：在一定的大气模型下，用沿信号路径数值积分方法求出不同高度角的大气延迟改正；再用选定的映射函数形式(常用的有各种形式的连分式)，对积分值按高度角(或天顶距)的三角函数进行拟合，求出拟合系数。必须注意的是：它所使用的连分式映射函数都是属于经验形式[162]。第三类是大气折射母函数方法。它首先在数学上导出大气折射映射函数的近似解析解和它相应的参数化展开函数，然后在一定的大气模型下进行展开函数的系数拟合[163-164]。

每一个映射函数的模型都是建立在一个相应的大气剖面假设上；它可能适用于局部或全球的大气范围。地球大气层的密度和成分是季节、气候、地理位置、地貌等地球物理参数的复杂时变函数。作为实测方法，可以通过探空气球等观测手段获得大气剖面的结构和变化。另一方面，通过大量地球大气的观测结果，也可以给出一些用于大气折射研究较为简单的大气平均模型，例如 Hopfield 模型[165]和美国的标准大气模型[166]。在数学上，不仅存在着如何精确表示地球大气四维变化的困难，而且也无法对复杂大气模型建立相应的映射函数的数学表示。因此，即使利用充分多的探空气球资料，要建立一个高精度的"全球"大气延迟映射函数，在理论上和技术上都还存在着很大的困难。标准大气模型具有数学上的简单性，它简洁地表征了低层地球大气的平均结构，具有相当的可靠性。在第五章第一节中，利用两个典型地区的探空气球观测资料，分析利用标准大气建立映射函数的可能性问题；同时根据优化理论，讨论映射函数表示式中参数的选择问题[167]。

以下介绍 GPS 掩星技术（反演）问题。

气象学所需的大气参数及其时空变化观测数据，除了在地球表面上广泛分布的、进行常规地表气象参数观测的地面气象站以外，还有无线电探空气球、气象卫星、微波雷达等其他遥感技术。这些技术有其各自技术上的特长，也都存在一定的缺陷；作为单一观测手段，或在观测精度上，或在观测条件上，或在时空分辨率上无法达到当前的应用要求。寻求一种高精度、低费用、全球覆盖、全天候、三维空间的大气探测新方法一直是大气探测、气象预报、气候研究等领域中迫切需要解决的问题之一。

全球定位系统（The Global Positioning System，简称 GPS）是在美国国防部领导下，最初是为军事上全球性高精度、全功能的导航、定时、定位应用而设计的。从 1973 年开始实施，到 20 世纪 90 年代，已经完成了整个 GPS 的星座的布网任务。20 世纪 80 年代开始，无码载波相位观测、差分技术、GPS 精密定轨和高精度、低价格接收机等技术的相继问世，使 GPS 的观测精度获得了量级上的提高。它在定位、导航、定时、大地测量、地球物理等方面所获得的巨大成果，越来越显示出它在国民经济、科研和军事上的广泛应用价值。

GPS 无线电信号在通过地球大气层时受到大气折射的影响。一个安装在地面上或装载在运动中的卫星、飞机和其他载体上的 GPS

接收机接收到含有大气时延的、由 GPS 卫星发射出的无线电信号。大气折射这个物理效应，特别是低层湿大气的影响，一直是卫星测量为代表的空间技术中的一个主要误差源。

20 世纪 80 年代末以来，随着观测精度的提高和相应的通讯、计算机技术的发展，开始从两个不同的方面提出 GPS 气象学的设想。第一方面，利用地面 GPS 观测网监测测站上空大气水汽垂直积分，它把天顶方向的观测噪声转换成有用的大气信息[168]；第二方面，用低地球轨道(LEO)卫星上所载 GPS 接收机探测地球大气的分层结构[169-170]。前一种方法能够获得测站上空高精度水汽含量垂直积分的时间序列；后一种方法能获得某一“时刻”，测点上空大气参数的垂直剖面。它们分别形成了 GPS 气象学的两个分支，被称为地基和空基 GPS 气象学。

由于技术上和软件上的实现相对比较简单，从理论上提出设想以后，地基 GPS 气象学很快就趋于成熟并得到较为广泛的应用，目前地基 GPS 网的结果已经应用在气象、气候和大气物理的服务之中。

空基 GPS 气象学的发展相对比较缓慢。经过一段时间的理论准备和模拟计算的实验论证，1995 年 4 月美国发射了第一颗用于 GPS 掩星技术实验的 GPS/MET 低轨卫星 MicroLab1。两年左右的观测结果证实了 GPS 无线电掩星技术在监测地球大气的可行性和科学意义。把掩星得到的大气剖面同邻近探空气球站的资料相比较，MicroLab1 资料的温度偏离在赤道地区大约是 1 K，而在高纬度地区大约是 0.5 K。应用其他途径获得的大气温度剖面或者是来自某个模型值，就可以反演低层大气的水汽剖面；同其他技术数据比较，其相对精度大约在 10%。MicroLab1 的结果证明了：相比于其他的大气遥测手段，空基 GPS 技术呈现出一种新的、经济的、有效的地球大气监测方法[171-172]。

GPS 掩星技术的地面观测点具有准随机分布的特性，它为地球表面上难于进行实地大气测量的地区提供了一个新的遥测方法。这种全球分布对广阔的海洋、沙漠等荒漠地区上空的大气研究具有积极的意义。GPS/LEO掩星技术的另一重要性质是它的长期稳定性，不具有与仪器性能相关的随时间漂移项；它是一个自我校准系统，能提供给其他大气温度监测系统一个绝对的标准和校验，从而保证全球温度监测的长期连续性和稳定性。这对气候研究所需的大气温度长期变化的监控是十分有利的。在从下平流层到上对流层之间的上层大气温度的变化的监控上，掩星技术有它特殊的地位，因为在这一范围内它具有相对最高的反演精度。

从MicroLab1的结果分析，在探空气球站分布较密集的地区，掩星资料同探空气球资料的符合较好；而在探空气球站分布稀少的地区，这两者的偏离就较大。这正说明，掩星技术能在全球和局部大气探测中起很大的作用。合理地把掩星观测同化到大气模式中，能提高资料的利用率，从而实现更有效的国防和国民经济应用服务，这也是GPS掩星技术目前正在努力的关键问题之一。

本文第五章第二节以欧洲中尺度天气预报分析(ECMWF)资料为背景场，德国CHAMP卫星掩星观测得到的折射率剖面为观测值，采用Levenberg-Marquardt优化方法实行GPS掩星资料一维变分同化。作为讨论的一部分，用相应的探空气球资料来检验CHAMP掩星资料变分同化结果。在求解价值函数极值的Levenberg-Marquardt优化算法中，引入了较为合理的迭代收敛判别因子。为了使水汽的结果在物理性质上更为合理，还引入了Magnus公式来约束水汽超饱和现象。虽然给出的样本都取自探空气球站的附近，计算结果还是发现在对流层顶附近，GPS掩星观测反演的大气剖面比预报大气模式更好地反映了细部特性。从样本计算实例中同样证实：一维变分同化技术可以获得比传统标准反演技术更可靠、更精确的大气剖面。

第二章　群体决策的若干理性条件和排序方法

本章共三节，主要讨论基数型群体决策的一些新的理性检验问题和排序方法。前两节给出群体惩罚评分映射和群体偏比映射的匿名性、中立性、正响应性、非负响应性、强 Pareto 原则以及局部非独裁性等 6 个理性条件，并且分别证明了它们满足所有这些条件[88,89]。第三节构造随机偏爱的群体决策方法。首先，利用决策个体在供选方案集上的随机偏爱，借助 Borda 数的思想，引进了群体在供选方案集处的随机 Borda 数以及随机 Borda 数映射。然后，研究了随机 Borda 数映射满足的公理体系。最后，给出一个对所有供选方案进行群体偏爱排序的方法[90]。

§2.1　群体惩罚评分映射的理性检验

对于群体决策中的 Arrow 不可能性定理，R. L. Keeney [12]以及 J. S. Dyer 和 R. K. Surlin[15]认为其成立的主要原因是忽略了对偏爱强度的考虑。于是，先后建立了群体效用公理，引进了偏爱强度的概念，并将序数意义上的偏爱推广到基数意义上的偏爱。然而，在许多实际的群体决策中，由于常常要求各决策者对供选方案进行直接评分，而不仅仅是提供对两两方案间偏爱强度的判断。对此，为了防止和纠正各决策者在决策评分中的不公正现象，胡毓达于 2002 年提出了惩罚评分数、惩罚评分泛函以及惩罚评分映射等概念，并在研究了惩罚评分映射的基本性质的基础上[34]，构造了一类群体惩罚评分方法。本节进一步给出与 K. O. May 和 A. K. Sen 关于序数型的匿名性、中立性、正响应性、非负响应性、强 Pareto 原则以及局部非独裁性等条件[86,87]相应的 6 个基数型理性条件，并且证明了惩罚评分映射满足所有的这些条件[88]。

群体惩罚评分映射

设有供选方案集 $X=\{x^1, \cdots, x^s\}(s\geqslant 2)$，$DM_r(r=1, \cdots, l, l\geqslant 2)$ 是第 r 个决策个体，$G=\{DM_1, \cdots, DM_l\}$ 是决策群体。又设 R_r、P_r 和 I_r 依次是 DM_r 在 X 上的偏爱、严格偏爱和淡漠，并且 R_r 由 (P_r, I_r) 生成，记作 $R_r=P_r\cup I_r$；R, P 和 I 依次是 G 在 X 上的偏爱、严格偏爱和淡漠，并且 R 由 (P, I) 生成，记作 $R=P\cup I$。

定义 2.1-1[34]　设 $x\in X$, $D\geqslant d>0$, $a_r(x)\in[0, d](r=1, \cdots, l)$ 是 DM_r 关于 x 的评分数，并且 $\sum_{i=1}^{s}a_r(x^i)=D$。若 $\Omega(a_r(x))$ 是 $[0, d]$ 上的有界不恒为零的非负实值函数，满足对任意的 x^i, $x^j\in X$ 有

1) $\Omega(a_r(x^i))a_r(x^i)>\Omega(a_r(x^j))a_r(x^j)\Leftrightarrow x^iP_rx^j$，

2) $\Omega(a_r(x^i))a_r(x^i)=\Omega(a_r(x^j))a_r(x^j)\Leftrightarrow x^iI_rx^j$，

则称 $\Omega(a_r(x))$ 是 $a_r(x)$ 的惩罚评分因子，$\Omega(a_r(x))a_r(x)$ 是 DM_r 关于 x 的个体惩罚评分数，并且称

$$A(x)=\frac{1}{l}\sum_{r=1}^{l}\Omega(a_r(x))a_r(x)$$

是 G 关于 x 的群体惩罚评分数。

定义 2.1-2[34]　设 $x\in X$, $\Omega(a_r(x))a_r(x)(r=1, \cdots, l)$ 是 DM_r 关于 x 的个体惩罚评分数，$A(x)$ 是 G 关于 x 的群体惩罚评分数。

1) 映射 Ω_r: $X\to R$, $x\mapsto\Omega(a_r(x))a_r(x)$ 称为是 DM_r 在 X 上的个体惩罚评分泛函。

2) 映射 A: $X\to R$, $x\mapsto A(x)$ 称为是 G 在 X 上的群体惩罚评分泛函。

称 $\{\Omega_1, \cdots, \Omega_l\}$ 到 A 的映射为 G 在 X 上的群体惩罚评分映射。

定义 2.1-3[34]　设 $\Omega_r(r=1, \cdots, l)$ 是 DM_r 在 X 上的个体惩罚

评分泛函，A 是 G 在 X 上的群体惩罚评分泛函。对任意的 x^i，$x^j \in X$ 规定

1) $A(x^i) > A(x^j) \Leftrightarrow x^i P x^j$，

2) $A(x^i) = A(x^j) \Leftrightarrow x^i I x^j$，

则称 $R = P \cup I$ 是由 A 确定的。

群体惩罚评分映射的新的理性性质

文[34]中曾提出与群体惩罚评分方法相对应的群体惩罚评分映射满足 5 个理性条件。现在，进一步再给出群体惩罚评分映射具有的 6 个新的理性性质。

定理 2.1－1(匿名性) 设 $\Omega(a_r(x))a_r(x)(r=1, \cdots, l)$ 到 A 的映射为 G 在 X 上的群体惩罚评分映射是 DM_r 关于 $x \in X$ 的个体惩罚评分数，r_1，…，r_l 是 1，…，l 的任一排列，A：$X \to R$，$x \mapsto A(x)$ 和 A'：$X \to R$，$x \mapsto A'(x) = \frac{1}{l}\sum_{k=1}^{l}\Omega(a_{r_k}(x))a_{r_k}(x)$ 是 G 在 X 上的群体惩罚评分泛函，$R = P \cup I$ 和 $R' = P' \cup I'$ 分别由 A 和 A' 确定，则

$$x^i R x^j \Leftrightarrow x^i R' x^j \ \forall x^i, x^j \in X。$$

证明 因为

$$\begin{aligned} A'(x^i) - A'(x^j) &= \frac{1}{l}\sum_{k=1}^{l}\Omega(a_{r_k}(x^i))a_{r_k}(x^i) - \frac{1}{l}\sum_{k=1}^{l}\Omega(a_{r_k}(x^j))a_{r_k}(x^j) \\ &= \frac{1}{l}\sum_{k=1}^{l}[\Omega(a_{r_k}(x^i))a_{r_k}(x^i) - \Omega(a_{r_k}(x^j))a_{r_k}(x^j)] \\ &= \frac{1}{l}\sum_{r=1}^{l}[\Omega(a_r(x^i))a_r(x^i) - \Omega(a_r(x^j))a_r(x^j)] \\ &= A(x^2) - A(x^j), \end{aligned}$$

所以 $A'(x^i) - A'(x^j) \geqslant 0 \Leftrightarrow A(x^i) - A(x^j) \geqslant 0$。于是，由定义2.1－3得 $x^i R x^j \Leftrightarrow x^i R' x^j$。

这一定理表明，群体惩罚评分映射对决策者是无偏见的，即满足

匿名性条件。

定理 2.1-2(中立性) 设$\Omega(a_r(x))a_r(x)$和$\Omega(a_r'(x))a_r'(x)$是$DM_r(r=1,\cdots,l)$关于$x\in X$的两次个体惩罚评分数，A: $X\to R$，$x\mapsto A(x)=\frac{1}{l}\sum_{r=1}^{l}\Omega(a_r(x))a_r(x)$ 和 A': $X\to R$，$x\mapsto A'(x)=\frac{1}{l}\sum_{r=1}^{l}\Omega(a_r'(x))a_r'(x)$是$G$在$X$上的两个群体惩罚评分泛函，$R=P\cup I$和$R'=P'\cup I'$分别由$A$和$A'$确定。又设$x^i$，$x^j$，$x^p$，$x^q\in X$，若对任意的$r\in\{1,\cdots,l\}$有

$$\begin{aligned}&\Omega(a_r'(x^p))a_r'(x^p)-\Omega(a_r'(x^q))a_r'(x^q)\\&=\Omega(a_r(x^i))a_r(x^i)-\Omega(a_r(x^j))a_r(x^j),\end{aligned}$$

则

$$x^iRx^j\Leftrightarrow x^pR'x^q,\ x^jRx^i\Leftrightarrow x^qR'x^p。$$

证明 因为

$$\begin{aligned}A'(x^p)-A'(x^q)&=\frac{1}{l}\sum_{r=1}^{l}[\Omega(a_r'(x^p))a_r'(x^p)-\Omega(a_r'(x^q))a_r'(x^q)]\\&=\frac{1}{l}\sum_{r=1}^{l}[\Omega(a_r(x^i))a_r(x^i)-\Omega(a_r(x^j))a_r(x^j)]\\&=A(x^i)-A(x^j),\end{aligned}$$

所以$A'(x^p)-A'(x^q)\geqslant 0\Leftrightarrow A(x^i)-A(x^j)\geqslant 0$。于是，由定义2.1-3，得$x^pR'x^q\Leftrightarrow x^iRx^j$。

同理可以得到 $x^qR'x^p\Leftrightarrow x^jRx^i$。

上述定理说明，若每个决策者对一次评分中方案x^i和x^j的关系与另一次评分中方案x^p和x^q的关系相同，则群体在两次评分中对x^i和x^j的关系与对x^p和x^q的关系也完全相同，即惩罚评分映射满足中立性条件。

定理 2.1-3(正响应性) 设 $\Omega(a_r(x))a_r(x)$ 和 $\Omega(a_r'(x))a_r'(x)$ 是 $DM_r(r=1, \cdots, l)$ 关于 $x\in X$ 的两次个体惩罚评分数，A: $X\rightarrow R$, $x\mapsto A(x)=\frac{1}{l}\sum_{r=1}^{l}\Omega(a_r(x))a_r(x)$ 和 A': $X\rightarrow R$, $x\mapsto A'(x)=\frac{1}{l}\sum_{r=1}^{l}\Omega(a_r'(x))a_r'(x)$ 是 G 在 X 上的两个群体惩罚评分泛函，$R=P\cup I$ 和 $R'=P'\cup I'P'$ 分别由 A 和 A' 确定。若对任意的 $r\in\{1, \cdots, l\}$ 有

$\Omega(a_r'(x^i))a_r'(x^i)-\Omega(a_r'(x^j))a_r'(x^j)\geqslant\Omega(a_r(x^i))a_r(x^i)-\Omega(a_r(x^j))a_r(x^j)$，并且其中至少有一个是严格不等式，则

$$x^iRx^j\Rightarrow x^iP'x^j\ \forall x^i,\ x^j\in X。$$

证明 因为

$$\begin{aligned}A'(x^i)-A'(x^j)&=\frac{1}{l}\sum_{r=1}^{l}[\Omega(a_r'(x^i))a_r'(x^i)-\Omega(a_r'(x^j))a_r'(x^j)]\\&>\frac{1}{l}\sum_{r=1}^{l}[\Omega(a_r(x^i))a_r(x^i)-\Omega(a_r(x^j))a_r(x^j)]\\&=A(x^i)-A(x^j),\end{aligned}$$

所以 $A(x^i)-A(x^j)\geqslant 0\Rightarrow A'(x^i)-A'(x^j)>0$。由定义 2.1-3，即得 $x^iRx^j\Rightarrow x^iP'x^j$。

这一定理表明，对于任意两供选方案来说，当它们前后两次个体惩罚评分数之间的差距增大时，它们之间的群体偏爱关系将得到加强，即惩罚评分映射满足正响应性条件。

定理 2.1-4(非负响应性) 设 $\Omega(a_r(x))a_r(x)$ 和 $\Omega(a_r'(x))a_r'(x)$ 是 $DM_r(r=1, \cdots, l)$ 关于 $x\in X$ 的两次个体惩罚评分数，A: $X\rightarrow R$, $x\mapsto A(x)=\frac{1}{l}\sum_{r=1}^{l}\Omega(a_r(x))a_r(x)$ 和 A': $X\rightarrow R$, $x\mapsto A'(x)=\frac{1}{l}\sum_{r=1}^{l}\Omega(a_r'(x))a_r'(x)$ 是 G 在 X 上的两个群体惩罚评分泛函，$R=$

$P \cup I$ 和 $R' = P' \cup I'$ 分别由 A 和 A' 确定。若对任意的 $r \in \{1, \cdots, l\}$ 有

$$\Omega(a_r'(x^i))a_r'(x^i) - \Omega(a_r'(x^j))a_r'(x^j)$$
$$\geqslant \Omega(a_r(x^i))a_r(x^i) - \Omega(a_r(x^j))a_r(x^j),$$

则

$$x^i P x^j \Rightarrow x^i P' x^j, x^i I x^j \Rightarrow x^i R' x^j \ \forall x^i, x^j \in X。$$

证明 因为

$$A'(x^i) - A'(x^j) = \frac{1}{l}\sum_{r=1}^{l}[\Omega(a_r'(x^i))a_r'(x^i) - \Omega(a_r'(x^j))a_r'(x^j)]$$
$$\geqslant \frac{1}{l}\sum_{r=1}^{l}[\Omega(a_r(x^i))a_r(x^i) - \Omega(a_r(x^j))a_r(x^j)]$$
$$= A(x^i) - A(x^j)$$

所以 $A(x^i) - A(x^j) > 0 \Rightarrow A'(x^i) - A'(x^j) > 0$，由定义 2.1-3 得 $x^i P x^j \Rightarrow x^i P' x^j$。同理有 $A(x^i) - A(x^j) = 0 \Rightarrow A'(x^i) - A'(x^j) \geqslant 0$，故得 $x^i I x^j \Rightarrow x^i R' x^j$。

此定理表明对于任意两供选方案来说，当它们前后两次个体惩罚分数之间的差距没有减少时，它们之间的群体偏爱关系将不会减弱，即惩罚评分映射满足非负响应性条件。

定理 2.1-5(强 Pareto 原则) 设 $\Omega(a_r(x))a_r(x)$ 是 $DM_r(r = 1, \cdots, l)$ 关于 $x \in X$ 的个体惩罚评分数，$A: X \to R, x \mapsto A(x)$ 是 G 在 X 上的群体惩罚评分泛函，$R = P \cup I$ 由 A 确定。若

$$\Omega(a_r(x^i))a_r(x^i) \geqslant \Omega(a_r(x^j))a_r(x^j), \ r = 1, \cdots, l,$$

并且其中至少有一个是严格不等式，

则 $$x^i P x^j \ \forall x^i, x^j \in X。$$

若 $$\Omega(a_r(x^i))a_r(x^i) = \Omega(a_r(x^j))a_r(x^j), \ r = 1, \cdots, l,$$

则 $$x^i I x^j \ \forall x^i, x^j \in X。$$

证明 由定义 2.1-1 和已知条件得：

$$A(x^i)=\frac{1}{l}\sum_{r=1}^{l}\Omega(a_r(x^i))a_r(x^i)>\frac{1}{l}\sum_{r=1}^{l}\Omega(a_r(x^j))a_r(x^j)=A(x^j),$$

$$A(x^i)=\frac{1}{l}\sum_{r=1}^{l}\Omega(a_r(x^i))a_r(x^i)=\frac{1}{l}\sum_{r=1}^{l}\Omega(a_r(x^j))a_r(x^j)=A(x^j)。$$

于是，由定义 2.1-3 即得。

这一定理表明，对于任意两供选方案，如果每个人都认为对方案 x^i 与方案 x^j 的评分至少一样高，而至少有一决策者认为对 x^i 的评分高于 x^j，则群体认为方案 x^i 严格偏爱于 x^j。若每一决策者都认为两个方案的评分数相同，则群体对它们的评价也相同，即惩罚评分映射满足强 Pareto 原则。

定理 2.1-6(局部非独裁性) 设 $\Omega(a_r(x))a_r(x)$ 是 $DM_r(r=1,\cdots,l)$ 关于 $x\in X$ 的个体惩罚评分数，$A: X\to R$，$x\mapsto A(x)$ 是 G 在 X 上的群体惩罚评分泛函，$R=P\cup I$ 由 A 确定，则不存在 $t\in\{1,2,\cdots,l\}$，使得存在 $\{x^i,x^j\}\subset X$，有

$$\Omega(a_t(x^i))a_t(x^i)>\Omega(a_t(x^j))a_t(x^j)\Rightarrow x^i P x^j。$$

证明 选取

$$a_r(x^i)=\frac{\Omega(a_t(x^j))a_t(x^j)}{\Omega(a_r(x^i))},\ a_r(x^j)=\frac{\Omega(a_t(x^i))a_t(x^i)}{\Omega(a_r(x^j))},$$

$$r=1,2,\cdots,l,\ r\neq t。$$

由已知条件，有

$$\begin{aligned}A(x^i)-A(x^j)&=\frac{1}{l}\sum_{r=1}^{l}[\Omega(a_r(x^i))a_r(x^i)-\Omega(a_r(x^j))a_r(x^j)]\\&=\frac{1}{l}[\Omega(a_t(x^i))a_t(x^i)-\Omega(a_t(x^j))a_t(x^j)]+\end{aligned}$$

$$\frac{1}{l}\sum_{r\neq t}\left[\Omega(a_r(x^i))\frac{\Omega(a_t(x^j))a_t(x^j)}{\Omega(a_r(x^i))}-\right.$$

$$\left.\Omega(a_r(x^j))\frac{\Omega(a_t(x^i))a_t(x^i)}{\Omega(a_r(x^j))}\right]$$

$$=\frac{1}{l}[\Omega(a_t(x^i))a_t(x^i)-\Omega(a_t(x^j))a_t(x^j)]+$$

$$\frac{l-1}{l}[\Omega(a_t(x^j))a_t(x^j)-\Omega(a_t(x^i))a_t(x^i)]$$

$$=\frac{2-l}{l}[\Omega(a_t(x^i))a_t(x^i)-\Omega(a_t(x^j))a_t(x^j)]。$$

据此，由于 $l\geqslant 2$，得 $A(x^i)\leqslant A(x^j)$，按定义 2.1-3 即 x^iPx^j 不成立。

这一定理表明，对于某两供选方案而言，不存在这样的决策者，只要他认为某一方案的个体惩罚评分数高于另一方案的评分数，群体就确定这一方案严格偏爱于另一方案，即在惩罚评分映射的规则下，群体中不存在局部独裁者。

§2.2 群体偏比映射的某些理性条件

在决策者提供各方案偏爱强度的条件下，对于有限个供选方案的情况，A. K. Sen 曾给出存在偏爱映射满足相应公理系的结果[86]。由于在实际决策中，有时决策者更方便提供对两两方案偏爱强度之比的信息，为此胡毓达等引进了群体决策偏比映射并研究了带权积偏比映射满足五个基本的理性条件[36]。在此基础上，本节进一步给出了群体偏比映射的匿名性、中立性、正响应性、非负响应性，以及强 Pareto 原则和局部非独裁性等理性条件。并且，就带权积偏比映射对这些理性条件进行了检验[89]。

偏比度和偏比映射

本节的符号与上一节的相同。

定义 2.2-1[36] 设 $x, y \in X$, $R_r(r=1, \cdots, l)$ 是 DM_r 在 X 上的偏爱关系。若由 DM_r 确定的实数 $\varphi_r(x, y) > 0$ 满足

(1) $\varphi_r(x, y) \geqslant 1 \Leftrightarrow xR_ry$,

(2) $\varphi_r(x, y) \cdot \varphi_r(y, x) = 1$,

(3) $\varphi_r(x, y) \cdot \varphi_r(y, z) = \varphi_r(x, z)(z \in X)$,

则称 $\varphi_r(x, y)$ 是 DM_r 关于方案对 (x, y) 的个体偏比度。

定义 2.2-2[36] 设 $x, y \in X$, $\varphi_r(x, y)$ 是 DM_r 关于方案对 (x, y) 的个体偏比度,则称映射 φ_r: $X \times X \to (0, +\infty)$, $(x, y) \mapsto \varphi_r(x, y)$ 是 DM_r 在 $X \times X$ 上的个体偏比度泛函,并称对应的 $R_r = P_r \cup I_r$ 由泛函 φ_r 确定。

定义 2.2-3[36] 设 $x, y \in X$, R 是 G 在 X 上的偏爱关系。

(1) 若由 G 中各 $DM_r(r=1, \cdots, l; l \geqslant 2)$ 关于 (x, y) 的偏比度组成的实数 $\varphi(x, y)$ 满足 $\varphi(x, y) \geqslant 1 \Leftrightarrow xRy$,则称 $\varphi(x, y)$ 是 G 关于方案对 (x, y) 的群体偏比度。

(2) 映射 φ: $X \times X \to (0, +\infty)$, $(x, y) \mapsto \varphi(x, y)$ 称为是 G 在 $X \times X$ 上的偏比度泛函,并称对应的 R 由泛函 φ 确定。

定义 2.2-4[36] 设 $\varphi_r(r=1, \cdots, l)$ 和 φ 分别是 DM_r 和 G 在 X 上的偏比度泛函,则称映射 φ: $\{\varphi_1, \cdots, \varphi_l\} \to \varphi$ 是群体 G 在 X 上的偏比映射,记作 $\varphi = \phi(\varphi_1, \cdots, \varphi_l)$,并称一组 $\varphi_1, \cdots, \varphi_l$ 是 G 在 X 上的偏比度截面,记作 $[\varphi_1, \cdots, \varphi_l]_X$。

定义 2.2-5[36] 设 $\varphi_r(r=1, \cdots, l)$ 是 DM_r 在 X 上的偏比度泛函, $\omega_r \in (0, 1)$, $\sum_{r=1}^{l} \omega_r = 1$。定义泛函 φ_π: $X \times X \to (0, +\infty)$, $(x, y) \mapsto \varphi_\pi(x, y)$,其中 $\varphi_\pi(x, y) = \prod_{r=1}^{l} \varphi_r(x, y)^{\omega_r}$,则称映射 ϕ_π: $\{\varphi_1, \cdots, \varphi_l\} \to \varphi_\pi$ 是 G 在 X 上的带权积偏比映射,并且记由 ϕ_π 确定的

群体偏爱关系为 $R_\pi = P_\pi \cup I_\pi$。

对于决策者提供两两方案间偏比度的群体决策问题，文[36]建立了对应于 Arrow 公理的五个理性公理，即许可性公理、一致性公理、独立性公理、非强加性公理和非独裁性公理。并且，证明了带权积偏比映射满足上述五个公理，说明在决策个体提供偏比度的情形，群体决策不会出现如 Arrow 的不可能性定理的结果。

带权积偏比映射一些新的理性条件

除了在[36]中指出的带权积偏比映射满足许可性等五个理性条件之外，本节再证明带权积偏比映射还满足匿名性、中立性、正响应性、非负响应性、强 Pareto 原则以及局部非独裁性等理性条件。

以下记 $\wedge = \{1, \cdots, l\}$。

定理 2.2-1(匿名性) 设 $x, y \in X$，$\varphi_r(x, y)(r \in \wedge)$ 是 DM_r 在 $X \times X$ 上的个体偏比度泛函，$r_1, \cdots, r_l$ 是 $1, \cdots, l$ 的任一排列，$w_r = \frac{1}{l}(r = 1, \cdots, l)$。记 $\phi_\pi: (x, y) \mapsto \varphi_\pi(x, y) = \prod_{i=1}^{l} \varphi_r(x, y)^{\frac{1}{l}}$，$\phi'_\pi: (x, y) \mapsto \varphi'_\pi(x, y) = \prod_{i=1}^{l} \varphi r_i(x, y)^{\frac{1}{l}}$，$R_\pi$ 和 R'_π 分别由 ϕ_π 和 ϕ'_π 确定，则

$$xR_\pi y \Leftrightarrow xR'_\pi y, \forall x, y \in X。$$

证明 显然有 $\varphi'_\pi(x, y) = \prod_{i=1}^{l} \varphi r_i(x, y)^{\frac{1}{l}} = \prod_{r=1}^{l} \varphi_r(x, y)^{\frac{1}{l}} = \varphi_\pi(x, y)$，即 $xR_\pi y \Leftrightarrow xR'_\pi y$。

这一定理表明了在 $w_r = \frac{1}{l}(r = 1, \cdots, l)$ 的条件下，带权积偏比映射对决策者无偏见。

定理 2.2-2(中立性) 设 $[\varphi_1, \cdots, \varphi_l]_X$ 和 $[\varphi'_1, \cdots, \varphi'_l]_X$ 是 G 在 X 上的两个偏比度截面，$w_r \in (0, 1)(r = 1, \cdots, l)$，$\sum_{r=1}^{l} w_r = 1$，记

$\phi_\pi:(x, y)\mapsto\varphi_\pi(x, y)=\prod_{i=1}^{l}\varphi_r(x, y)^{w_r}$，$\phi'_\pi:(x, y)\mapsto\varphi'_\pi(x, y)=\prod_{r=1}^{l}\varphi'_r(x, y)^{w_r}$，$R_\pi$ 和 R'_π 分别由 ϕ_π 和 ϕ'_π 确定。若对任意的 $x, y, u, v\in X$，有

$$[\forall r\in\wedge:\varphi_r(x, y)\geqslant 1\Leftrightarrow\varphi'_r(u, v)\geqslant 1]\text{ 和 }$$
$$[\forall r\in\wedge:\varphi_r(y, x)\geqslant 1\Leftrightarrow\varphi'_r(v, u)\geqslant 1]$$

则 $$xR_\pi y\Leftrightarrow uR'_\pi v,\ yR_\pi x\Leftrightarrow vR'_\pi u。$$

证明 由 $\varphi'_\pi(u, v)=\prod_{r=1}^{l}\varphi'_r(u, v)^{w_r}=\prod_{r=1}^{l}\varphi_r(x, y)^{w_r}=\varphi_\pi(x, y)$，得

$$\varphi_\pi(x, y)\geqslant 1\Leftrightarrow\varphi'_\pi(u, v)\geqslant 1。$$

即 $xR_\pi y\Leftrightarrow uR'_\pi v$。

同理，$\varphi_\pi(y, x)\geqslant 1\Leftrightarrow\varphi'_\pi(v, u)\geqslant 1$，即 $yR_\pi x\Leftrightarrow vR'_\pi u$。

这一定理表明，带权积偏比映射对方案无偏见。

定理 2.2-3(正响应性) 设$[\varphi_1, \cdots, \varphi_l]_X$ 和$[\varphi'_1, \cdots, \varphi'_l]_X$ 是 G 在 X 上的两个偏比度截面，$w_r\in(0, 1)(r=1, \cdots, l)$，$\sum_{r=1}^{l}w_r=1$，记 $\phi_\pi:(x, y)\mapsto\varphi_\pi(x, y)=\prod_{i=1}^{l}\varphi_r(x, y)^{w_r}$，$\phi'_\pi:(x, y)\mapsto\varphi'_\pi(x, y)=\prod_{r=1}^{l}\phi'_r(x, y)^{w_r}$，$R_\pi$ 和 R'_π 分别由 ϕ_π 和 ϕ'_π 确定。若对任意的 $x, y\in X$，有

(1) $\forall r\in\wedge:[\varphi_r(x, y)>1\Rightarrow\varphi'_r(x, y)>1]$ 和$[\varphi_r(x, y)=1\Rightarrow\varphi'_r(x, y)\geqslant 1]$，

(2) $\exists t\in\wedge:[\varphi_t(x, y)=1\Rightarrow\varphi'_t(x, y)>1]$ 或$[\varphi_t(x, y)>1\Rightarrow\varphi'_t(x, y)\geqslant 1]$，

则 $xR_\pi y\Leftrightarrow xP'_\pi y$，其中 P'_π 由 R'_π 生成。

证明 由 $\prod_{r=1}^{l}\varphi'_r(x, y)^{\omega_r}\geqslant\prod_{r\neq t}\varphi_r(x, y)^{\omega_r}$，$\varphi'_t(x, y)^{\omega_t}>\varphi_t(x,$

$y)^{\omega_t}$，即得

$$\varphi_\pi'(x, y) = \prod_{r=1}^{l} \varphi_r'(x, y)^{\omega_r} = \prod_{r\neq t} \varphi_r'(x, y)^{\omega_r} \cdot \varphi_t'(x, y)^{\omega_t}$$

$$> \prod_{r\neq t} \varphi_r(x, y)^{\omega_r} \cdot \varphi_t(x, y)^{\omega_t} = \varphi_\pi(x, y) \geqslant 1。$$

即 $$xR_\pi y \Leftrightarrow xP'_\pi y。$$

这一定理表明，若在方案 x 与 y 之间某个人的偏爱向有利于 x 的方向变化，同时其他每个人对于 x 和 y 之间的偏爱保持不变，则群体偏爱也应向有利于 x 的方向变化。若原来 x 与 y 群体淡漠，则现在群体认为 x 必须严格偏爱于 y。

定理 2.2-4(非负响应性) 设$[\varphi_1, \cdots, \varphi_l]_X$ 和$[\varphi_1', \cdots, \varphi_l']_X$ 是 G 在 X 上的两个偏比度截面，$w_r \in (0, 1)(r = 1, \cdots, l)$，$\sum_{r=1}^{l} w_r = 1$，记 ϕ_π：$(x, y) \mapsto \varphi_\pi(x, y) = \prod_{i=1}^{l} \varphi_r(x, y)^{w_r}$，$\phi_\pi'$：$(x, y) \mapsto \varphi_\pi'(x, y) = \prod_{r=1}^{l} \varphi_r'(x, y)^{\omega_r}$，$R_\pi$ 和 R_π' 分别由 ϕ_π 和 ϕ_π' 确定。若对任意的 $x, y \in X$，有

$$\forall r \in \Lambda: \varphi_r(x, y) > 1 \Rightarrow \varphi_r'(x, y) > 1,$$

$$\varphi_r(x, y) = 1 \Rightarrow \varphi_r'(x, y) \geqslant 1,$$

则 $$xP_\pi y \Leftrightarrow xP'_\pi y, \quad xI_\pi y \Leftrightarrow xR'_\pi y。$$

证明 由于

$$\varphi_\pi'(x, y) = \prod_{r=1}^{l} \varphi_r'(x, y)^{\omega_r} = \prod_{r\neq t} \varphi_r'(x, y)^{\omega_r} \cdot \varphi_t'(x, y)^{\omega_t}$$

$$\geqslant \prod_{r\neq t} \varphi_r(x, y)^{\omega_r} \cdot \varphi_t(x, y)^{\omega_t} = \varphi_\pi(x, y),$$

因此，若 $\varphi_\pi(x, y) = 1$，则 $\varphi_\pi'(u, v) \geqslant 1$，即 $xI_\pi y \Leftrightarrow xR'_\pi y$；

若 $\varphi_\pi(x, y) > 1$，则 $\varphi_\pi'(u, v) > 1$，即 $xP_\pi y \Leftrightarrow xP'_\pi y$。

这一定理表明，只要 x 关于任何个体偏爱关系不变差，它也不能对群体偏爱关系变差。

定理 2.2－5(强 Pareto 原则) 设$[\varphi_1,\cdots,\varphi_l]_X$是$G$在$X$上的偏比度截面，$w_r\in(0,1)(r=1,\cdots,l)$，$\sum_{r=1}^{l}w_r=1$，记$\phi_\pi:(x,y)\mapsto\varphi_\pi(x,y)=\prod_{i=1}^{l}\varphi_r(x,y)^{w_r}$，$R_\pi=P_\pi\cup I_\pi$由$\phi_\pi$确定。则对任意的$x$，$y\in X$，有

(1) $[\forall r\in\wedge:\varphi_r(x,y)\geqslant 1]$ 和 $[\exists t\in\wedge:\varphi_t(x,y)>1]\Rightarrow xP_\pi y$。

(2) $[\forall r\in\wedge:\varphi_r(x,y)=1]\Rightarrow xI_\pi y$。

证明 (1) $\varphi_\pi(x,y)=\prod_{r=1}^{l}\varphi_r(x,y)^{\omega_r}=\prod_{r\neq t}\varphi_r(x,y)^{\omega_r}\cdot\varphi_t(x,y)^{\omega_t}>1$，即 $xP_\pi y$。

(2) $\varphi_\pi(x,y)=\prod_{r=1}^{l}\varphi_r(x,y)^{\omega_r}=\prod_{r\neq t}\varphi_r(x,y)^{\omega_r}\cdot\varphi_t(x,y)^{\omega_t}=1$，即 $xI_\pi y$。

这一定理表明，若至少有一个个体认为 x 严格偏爱于 y，并且所有的个体认为 x 偏爱于 y，则该决策群体即认为 x 严格偏爱于 y；若每一个体都认为两个方案 x 和 y 是无差异的，则决策群体也认为它们是淡漠的。

定理 2.2－6(局部非独裁性) 设$[\varphi_1,\cdots,\varphi_l]_X$是$G$在$X$上的偏比度截面，$w_r\in(0,1)(r=1,\cdots,l)$，$\sum_{r=1}^{l}w_r=1$，记$\phi_\pi:(x,y)\mapsto\varphi_\pi(x,y)=\prod_{i=1}^{l}\varphi_r(x,y)^{w_r}$，$R_t=P_t\cup I_t$，$R_\pi=P_\pi\cup I_\pi$分别由$\phi_t$和$\phi_\pi$确定。则不存在 $t\in\wedge$ 使得 $\exists\{x,y\}\subset X$，有

$$\varphi_t(x,y)>1\Rightarrow xP_\pi y\text{ 或 }\varphi_t(x,y)\geqslant 1\Rightarrow xR_\pi y。$$

证明 若设存在 $t\in\wedge$ 和 x，$y\in X$ 使得$\varphi_t(x,y)>1$，则总存

在 $r = \{1, \cdots, l\} \backslash \{t\}$，使 $\varphi_\pi(x, y) \leqslant 1$。这是因为，取 $\varphi_r(x, y) = \varphi_t(y, x)^{w_t} (r = 1, \cdots, l; r \neq t)$，有

$$\begin{aligned}\varphi_\pi(x, y) &= \prod_{r=1}^{l} \varphi_r(x, y)^{\omega_r} = \varphi_t(x, y)^{\omega_t} \cdot \prod_{r \neq t} \varphi_r(x, y)^{\omega_r} \\ &= \varphi_t(x, y)^{\omega_t} \cdot \prod_{r \neq t} \varphi_t(y, x)^{\omega_t} \\ &= \varphi_t(x, y)^{\omega_t} \cdot [\varphi_t(x, y)^{-\omega_t}]^{l-1} \\ &= \varphi_t(x, y)^{(2-l)\omega_t}。\end{aligned}$$

由于 $l \geqslant 2$，故得 $\varphi_\pi(x, y) \leqslant 1$。

同理，可得第二个结论。

这一定理说明，不存在局部独裁者。

§2.3 随机偏爱群体决策的随机 Borda 数法

在群体决策中，决策者对需作选择的方案有时并不能给出确定性的偏爱判断，但可以给出它们之间的随机估计，为此，对于信息是随机偏爱的情形，胡毓达借助个体偏爱发生的主观概率，引进了供选方案集上从决策个体的随机偏爱到决策群体的偏爱的随机偏爱映射概念。在建立了一组随机偏爱公理之后，证明了相应的不可能性定理[42]。

本节依据决策个体在供选方案集上的随机偏爱，借助 Borda 数的思想，引进了群体在供选方案处的随机 Borda 数以及方案集上的随机 Borda 数映射。在检验了随机 Borda 数映射满足随机偏爱公理情况的基础上，给出一个对所有供选方案进行群体偏爱排序的方法[90]。

随机 Borda 数和随机 Borda 数映射

设 $X = \{x^1, \cdots, x^s\}$ 是供选方案集，$G = \{DM_1, \cdots, DM_l\}$ 是决策群体，其中 $DM_r (r = 1, \cdots, l)$ 是第 r 个决策者。

定义 2.3-1 设 $x^i, x^j \in X, \widetilde{P}_r (r = 1, 2, \cdots, l)$ 是 DM_r 在 X 上

的严格偏爱，$p(x^i\tilde{P}_r x^j)$ 是 DM_r 认为事件 $x^i\tilde{P}_r x^j$ 发生的主观概率。

(1) 若 $p(x^i\tilde{P}_r x^j)\geqslant p(x^j\tilde{P}_r x^i)$，则称 x^i 与 x^j 之间（关于 $\tilde{P}_r$）有随机偏爱关系，记作 $x^iR_rx^j$，并称 R_r 是 DM_r 在 X 上（关于 $\tilde{P}_r$）的一个随机偏爱（关系）。

(2) 若 $p(x^i\tilde{P}_r x^j)>p(x^j\tilde{P}_r x^i)$，则称 x^i 与 x^j 之间（关于 $\tilde{P}_r$）有随机严格偏爱关系，记作 $x^iP_rx^j$，并称 P_r 是 DM_r 在 X 上（关于 $\tilde{P}_r$）的一个随机严格偏爱（关系）。

(3) 若 $p(x^i\tilde{P}_r x^j)=p(x^j\tilde{P}_r x^i)$，则称 x^i 与 x^j 之间（关于 $\tilde{P}_r$）有随机淡漠关系，记作 $x^iI_rx^j$，并称 I_r 是 DM_r 在 X 上（关于 $\tilde{P}_r$）的一个随机淡漠（关系）。

注 2.3-1 在定义 2.3-1 中，我们约定 $p(x^i\tilde{P}_r x^j)=p(x^j\tilde{P}_r x^i)$ 包括 $x^i\tilde{I}_r x^j$ 的情况（$\tilde{I}_r$ 是 DM_r 在 X 上的淡漠）。由此定义可知，$x^iR_rx^j$ 意味着 $x^iP_rx^j$ 或 $x^iI_rx^j$（记作 $R_r=P_r\cup I_r$），$x^iP_rx^j$ 与 $x^iI_rx^j$ 不同时发生（记作 $P_r\cap I_r=0$）。这时，称 R_r 与 (P_r, I_r) 相互生成，并称 (R_r, P_r, I_r) 是 DM_r 在 X 上的随机偏爱组。

定理 2.3-1 设 (R_r, P_r, I_r) 是 DM_r 在 X 上的随机偏爱组。

(1) R_r 在 X 上具非对称性或对称性。

(2) P_r 在 X 上具非对称性。

(3) I_r 在 X 上具对称性。

证明 (1) 由注 2.3-1 可知 R_r 与 (P_r, I_r) 相互生成，故只需证明(2)和(3)。

(2) 对任意的 x^i 与 x^j，设 $x^iP_rx^j$，则按定义 2.3-1(2) 有 $p(x^i\tilde{P}_r x^j)>p(x^j\tilde{P}_r x^i)$。据此，再由定义 2.3-1(2) 即知 $\neg x^jP_rx^i$，故 P_r 在 X 上具非对称性。

(3) 对任意的 x^i 与 x^j，设 $x^iI_rx^j$，则按定义 2.3-1(2) 有 $p(x^i\tilde{P}_r x^j)=p(x^j\tilde{P}_r x^i)$，即 $p(x^j\tilde{P}_r x^i)=p(x^i\tilde{P}_r x^j)$。因此得 $x^jI_rx^i$，故 I_r 在 X 上具对称性。

由定理 2.3-1 可知，DM_r 在集合 X 上的随机偏爱、随机严格偏爱和随机淡漠依次是该集合上的偏爱、严格偏爱和淡漠[74]。

定义 2.3－2 设$\widetilde{P}_r$是DM_r在X上的严格偏爱，P_r是DM_r在X上(关于$\widetilde{P}_r$)的随机严格偏爱，$x \in X$。记$J=\{1, \cdots, s\}$，

$$B_r(x)=\{j \in J \mid xP_r x^j,\ x^j \in X \backslash \{x\}\}$$

则称$B(x)=\sum_{r=1}^{s}|B_r(x)|$是$G$在$x$处的随机Borda数，其中$|B_r(x)|$是集合$B_r(x)$中元素的个数。

注 2.3－2 由定义2.3－2易知，对任意的$x \in X$有

$$0 \leqslant |B_r(x)| \leqslant s-1$$

$$0 \leqslant B_r(x) \leqslant l(s-1)。$$

定义 2.3－3 设$R_r(r=1, \cdots, l)$是DM_r在X上的随机偏爱，R，P和I依次是G在X上的偏爱、严格偏爱和淡漠，R与(P, I)相互生成，$B(x)$是G在$x \in X$处的随机Borda数。对任意的$x^i, x^j \in X$，定义

(1) $x^i P x^j \Leftrightarrow B(x^i) > B(x^j)$，

(2) $x^i I x^j \Leftrightarrow B(x^i) = B(x^j)$，

则称由此确定的从$R_1, \cdots, R_l$到R的映射B：$\{R_1, \cdots, R_l\} \rightarrow R$为$G$在$X$上的随机Borda数映射，记作$R=B(R_1, \cdots, R_l)$。

注 2.3－3 由定义2.3－2可知

$$x^i R x^j \Leftrightarrow B(x^i) \geqslant B(x^j)。$$

定义 2.3－4 设集合$S \subset X$，$R_r(r=1, \cdots, l)$是DM_r在X上的随机偏爱，R是G在X上的偏爱。

(1) 称

$$R_r(S)=\{x \in S \mid xR_r y,\ y \in S\},\ r=1, \cdots, l$$

是DM_r在S上的随机偏爱选优集。

(2) 称

$$R(S)=\{x \in S \mid xRy,\ y \in S\}$$

是 G 在 S 上的选优集。

定义 2.3-5 设 R 是集合 X 上的随机偏爱，若对任意的 $x, y, z \in X$ 有

$$xRy,\ yRz \rightarrow xRz,$$

则称 R 在 X 上具随机传递性。

引理 2.3-1 若 R 在 X 上具随机传递性，则有 $xPy,\ yRz$ 或 $xRy,\ yPz \Rightarrow xPz$。

证明 为证明 $xPy,\ yRz \Rightarrow xPz$，用反证法，若不然，假设 zRx。由 $yRz,\ zRx$ 和定义 2.3-5，可得 yRx。但由定义 2.3-1，xPy 意味着 yRx 不成立，矛盾。同理，可证另一个结论。

定理 2.3-2 设 R_r 是 DM_r 在 X 上的随机偏爱，P_r 由 R_r 生成。若 R_r 在 X 上具随机传递性，$R = B(R_1, \cdots, R_l)$，P 由 R 生成，则

(1) $\bigcap_{r=1}^{l} C_r(S) \subset C(S)$；

(2) 若 $\bigcap_{r=1}^{l} C_r(S)$ 非空，则 $C(S) = \bigcap_{r=1}^{l} C_r(S)$。

证明 (1) 设 $x \in \bigcap_{r=1}^{l} C_r(S)$，则由定义 2.3-4(1) 可知，对任意的 $y \in S$ 有

$$xR_ry。\qquad (2.3-1)$$

对任意的 $x^j \in X$ 和每个 $r \in \{1, \cdots, l\}$，设

$$yP_rx^j,\qquad (2.3-2)$$

则由(2.3-1)、(2.3-2)和 R_r 的随机传递性按引理 2.3-1，可得

$$xP_rx^j。\qquad (2.3-3)$$

因此，由(2.3-2)和(2.3-3)按定义 2.3-2 有

$$B_r(x) \supset B_r(y),$$

从而

$$|B_r(x)| \geqslant |B_r(y)|。$$

由定义 2.3－2 又可得

$$B(x) \geqslant B(y),$$

按注 2.3－3 即 xRy。于是,按定义 2.3－4(2)得到 $x \in C(S)$。

(2) 由(1)只需再证明 $C(S) \subset \bigcap_{r=1}^{l} C_r(S)$,用反证法,假设有 $x' \in C(S)$ 而 $x' \notin \bigcap_{r=1}^{l} C_r(S)$。由条件 $\bigcap_{r=1}^{l} C_r(S)$ 非空知存在 $x'' \in \bigcap_{r=1}^{l} C_r(S)$,按定义 2.3－4(1)即

$$x'' R_r y \quad y \in S,\ r = 1, \cdots, l。$$

因 为 $x' \in C(S) \subset S$,从上式特别地有

$$x'' R_r x',\ r = 1, \cdots, l \tag{2.3-4}$$

对任意的 $x^j \in X$ 和每个 $r \in 1, \cdots, l$,若 $x' R_r x^j$,则由(2.3－4)和 R_r 的随机传递性,按引理 2.3－1,可得

$$x'' R_r x'。$$

因此,由定义 2.3－2 有

$$B_r(x'') \supset B_r(x'),$$

从而

$$|B_r(x'')| \geqslant |B_r(x')| \tag{2.3-5}$$

另外,从 $x' \notin \bigcap_{r=1}^{l} C_r(S)$ 知存在某个 r_0 使得 $x' \notin \bigcap C_{r_0}(S)$。因此,由定义 2.3－4(1) 和(2.3－4) 以及 R_{r_0} 的随机传递性知

$$x'' R_{r_0} x',$$

再由定义 2.3－2 和 R_{r_0} 的随机传递性按引理 2.3－1 有

$$|B_{r_0}(x'')| > |B_{r_0}(x')| \tag{2.3-6}$$

由(2.3-5)、(2.3-6)和定义 2.3-2 得知

$$B(x'') \geqslant B(x'),$$

于是由定义 2.3-3(1)也即存在 $x'' \in S$ 有 $x''Px'$。据此，按定义 2.3-4(2) 得 $x' \notin C(S)$，导致与假设矛盾。

随机 Borda 数映射的性质

现在，讨论 G 在 X 上的随机 Borda 数映射的几个重要性质。以下总设 R_r 在 X 上具随机传递性。

定义 2.3-6 称由各 $DM_r(r=1, \cdots, l)$ 在 X 上的一组给定的随机偏爱 $R_1, \cdots, R_l$ 是 G 在 X 上的随机偏爱截面，记作 $[R_1, \cdots, R_l]_X$。

定理 2.3-3 设 $R=B(R_1, \cdots, R_l)$，则 R 在 X 上具传递性和完全性。

证明 (1) 对任意的 $x, y, z \in X$，由 xRy 和 yRz，据注 2.3-3 有

$$B(x) \geqslant B(y),\ B(y) \geqslant B(z),$$

从而 $B(x) \geqslant B(z)$，即 xRz。所以 R 在 X 上具传递性。

(2) 由于对任意的 $x, y \in X$，都有 $B(x) \geqslant B(y)$ 或者 $B(y) \geqslant B(x)$，或者 $B(x) = B(y)$，所以按注 2.3-3，对任意的 $x, y \in X$，有 xRy 或 yRx，或两者都成立，即 R 在 X 上具完全性。

定理 2.3-4 设$[R_1, \cdots, R_l]_X$ 和$[R_1', \cdots, R_l']_X$ 是G 在X 上的两个随机偏爱截面，记 $R = B(R_1, \cdots, R_l)$, $R' = B(R_1', \cdots, R')$, (P_r, I_r) 和(P_r', I_r') 分别由 R_r 和R_r' 生成，(P, I) 和(P', I') 分别由 R 和R' 生成，$x, y \in X$，$x \neq y$。若下列条件满足：

(1) $uR_rv \Leftrightarrow uR_r'v \quad (u, v \in X\backslash\{x\})$,

(2) $xP_ry' \Rightarrow xP_r'y' \quad (y' \in X\backslash\{x\})$,

(3) $xI_ry' \Rightarrow xP_r'y' \quad (y' \in X\backslash\{x\})$,

则 $$xPy \Rightarrow xP'y。$$

证明 从 xPy 由定义2.3-3(1)有

$$B(x) > B(y)。$$

即

$$\sum_{r=1}^{l} |B_r(x)| > \sum_{r=1}^{l} |B_r(y)|。\tag{2.3-7}$$

对任意的 $x^j \in X$ 和每个 $r \in \{1, \cdots, l\}$,若 $xP_r x^j$,则由定理的条件(2)得 $xP'_r x^j$,所以由定义2.3-2即得

$$|B'_r(x)| \geqslant |B_r(x)|。\tag{2.3-8}$$

对任意的 $x^j \in X$ 和每个 r,若 $x^j \neq x$ 且 $yP'_r x^j$,则由定理的条件(1)有 $yP_r x^j$;若 $yP'_r x$,则由定理的条件(2)(3)有 $yP_r x$。所以,由定义2.3-2就有

$$|B'_r(y)| \geqslant |B_r(y)|,\tag{2.3-9}$$

由(2.3-7)、(2.3-8)和(2.3-9)得到 $\sum_{r=1}^{l} |B'_r(x)| > \sum_{r=1}^{l} |B'_r(y)|$,即 $B'(x) > B'(y)$,从而有 $xP'y$。

定理2.3-5 对于任意的 $x, y \in X, x \neq y$,总存在一个 G 在 X 上的随机偏爱截面 $[R'_1, \cdots, R'_l]_X$,使得由 $R' = B(R'_1, \cdots, R'_l)_X$ 生成的 P' 有 $xP'y$。

证明 对于任意的 $x, y \in X, x \neq y$,只要取 $[R'_1, \cdots, R'_l]_X$ 使

$$xP'_r y, \ r = 1, \cdots, l。$$

则由定义2.3-2和 R'_r 在 X 上具随机传递性推知

$$|B'_r(x)| \geqslant |B'_r(y)|。$$

因此,有

$$\sum_{r=1}^{l}|B_r'(x)|>\sum_{r=1}^{l}|B_r'(y)|,$$

再由定义 2.3－2 得 $B'(x)>B'(y)$，于是 $xP'y$。

定理 2.3－6　设 $R=B(R_1,\cdots,R_l)$，$P_r(r=1,\cdots,l)$ 和 P 分别由 R_r 和 R 生成，则不存在 $t\in\{1,\cdots,l\}$，使得

$$xP_ty\Rightarrow xPy。$$

证明　等价地，我们证明对任意的 $x,y\in X$，存在由 $(R_1,\cdots,R_t,\cdots,R_l)$ 确定的 $R=B(R_1,\cdots,R_t,\cdots,R_l)$ 使得 yRx。

事实上，对任意的 $x,y\in X$，取 yP_rx，使 $|B_r(x)|=0$，$|B_r(y)|=s-1(r=1,\cdots,l,r\neq t)$，于是由定义 2.3－2 和注2.3－2，推知

$$B(x)\leqslant s-1\leqslant(l-1)(s-1)\leqslant B(y)。$$

再由注 2.3－3 即得 yRx。

上述定理 2.3－3 至 2.3－6 表明，随机 Borda 数映射具有许可性、一致性、非强加性和非独裁性。下面的例子表明，随机 Borda 数映射不具有独立性[6]。

例　设供选方案集 $X=\{x^1,x^2,x^3,x^4\}$，决策群体 $G=\{DM_1,DM_2,DM_3\}$，$S=\{x^1,x^2\}\subset X$。设 R_r 和 R_r' 是 DM_r 在 X 上的两随机偏爱，P_r 和 P_r' 分别由 R_r 和 R_r' 生成，并且有下面的随机偏爱关系：

$$x^1P_1x^3P_1x^4P_1x^2 \qquad x^1P_1'x^2P_1'x^3P_1'x^4$$

$$x^2P_2x^1P_2x^3P_2x^4 \qquad x^2P_2'x^1P_2'x^3P_2'x^4$$

$$x^2P_3x^1P_3x^3P_3x^4 \qquad x^2P_3'x^1P_3'x^3P_3'x^4$$

显然有 $x^iP_rx^j\Leftrightarrow x^iP_r'x^j(i,j\in\{1,2\},r\in\{1,2,3\})$。经计算 $B(x^1)=7$，$B(x^2)=6$；$B'(x^1)=7$，$B'(x^2)=8$。于是，有 x^1Px^2，$x^2P'x^1$，所以 $x^iPx^j\Leftrightarrow x^iP'x^j(i,j\in\{1,2\})$ 不成立，即随机 Borda 数

映射不具有独立性。

随机 Borda 数法

依据随机 Borda 数映射所确定的从个体随机偏爱到群体偏爱的规则，我们给出群体对所有供选方案作出偏爱排序的随机 Borda 数法如下：

1. 给出个体偏爱的主观概率。对两两方案 $x^i, x^j \in X$，由各决策个体 $DM_r(r=1, \cdots, l)$ 给出 $x^i P_r x^j$ 发生的主观概率

$$p(x^i P_r x^j) \quad i, j = 1, \cdots, s; r = 1, \cdots, l。$$

2. 计算个体随机 Borda 数。确定各决策者 DM_r 关于各方案 $x^k(k = 1, \cdots, s)$ 的随机 Borda 数：

$$|B_r(x^k)|, k = 1, \cdots, s。$$

3. 计算群体 G 关于各方案 $x^k(k = 1, \cdots, s)$ 的随机 Borda 数。计算：

$$B(x^k) = \sum_{r=1}^{l} |B_r(x^k)|, \quad k = 1, \cdots, s。$$

4. 随机 Borda 数排序。设 $x'^k \in X(k = 1, \cdots, s)$，若

$$B(x'^k) \geqslant B(x'^{k+1}), k = 1, \cdots, s-1,$$

则得供选方案群体排序

$$x'^1 R x'^2 R \cdots R x'^s。$$

第三章　不完全信息群体多属性决策

研究群体多属性决策问题一般需要决策者提供各属性权重信息、效用信息和各决策者权重信息。但决策者在决策时对群体多属性问题的属性权重、决策者权重或效用常常会难以完全确定和量化，所以，关于不完全信息的群体多属性决策的研究日益得到重视[78-84,40]。目前，在不完全信息背景下，研究群体多属性决策问题的工作尚不多见。

本章共三节，依次研究不完全信息的群体多属性决策问题的属性权重信息、效用信息和各决策者权重信息的集结问题。第一节研究当各决策者给出的属性权重信息有冲突时，如何集结属性权重信息[84]。第二节研究在专家权重不完全确定的假设下，根据专家提供的某种不完全信息，用系统聚类分析原理集结专家权重系数。第三节引进了弱优概念，探讨了建立在两两比较基础上的几种弱优关系的内在联系，从而为弱优关系建立的合理性奠定理论基础，并构造了一种新的交互式的群体多属性决策的偏爱强度方法。

§3.1　属性权重不完全信息的集结

在群体多属性决策的研究中，至今所见的研究都假设决策者给出的属性权重信息是一致的[78-83]。本节研究当各决策者给出的属性权重信息有冲突时，如何集结属性权重信息。我们将通过对决策个体提供的属性权重信息进行一致性检验，确定群体属性权重区间，使属性权重信息的集结过程中充分体现群体的意志和意愿[84]。

问题的描述

首先引入以下概念和记号。

决策个体：$DM_r(r=1, \cdots, l)$；决策群体：$G=\{DM_1, \cdots, DM_l\}$，供选方案：$x^i(i=1, \cdots, s)$，供选方案集：$X=\{x^1, \cdots, x^s\}$；对方案进行评价的 m 个属性：$f_1, \cdots, f_m$；决策者 DM_r 给出方案 x^i 关于属性 f_j 的效用 $u_j^r(x^i)$。

记 $L=\{1, \cdots, l\}$，$S=\{1, \cdots, s\}$ 和 $M=\{1, \cdots, m\}$。假设决策者 $DM_r(r\in L)$ 关于属性 f_i，$f_j(i, j\in M)$ 的权重 w_i^r 和 w_j^r 的信息由如下几种方式给出：(1) $w_i^r \geqslant w_j^r$；(2) $w_i^r - w_j^r \geqslant a$, $a\geqslant 0$；(3) $w_i^r \geqslant a w_j^r$, $a>0$；(4) $a\leqslant w_i^r \leqslant a+\varepsilon$, $a>0, \varepsilon>0$；(5) $w_i^r - w_j^r \geqslant w_k^r - w_t^r (k, t\in M)$。

设 ϕ_w^r 为 DM_r 给出的上述形式的关于各属性权重的集合，记

$$W^r = \phi_w^r \cap \left\{ w_j^r \middle| \sum_{j=1}^m w_j^r = 1,\ w_j^r \geqslant 0,\ j\in M \right\},\ r\in L,$$

则 $W=\bigcap_{r=1}^{l} W^r$ 为决策群体G 给出的关于各属性权重不完全信息的约束集。

不完全信息群体多属性决策问题是指：决策群体 G 中的每一个决策个体 $DM_r(r\in L)$ 根据自己的主观偏爱和信息掌握程度，提出对各供选方案 $x^i(i\in S)$ 在每一属性 $f_j(j\in M)$ 下的属性效用值 $u_j^r(x^i)$ 的不完全信息，群体G根据属性权重不完全信息 $w_j(j\in M)$ 和决策者权重不完全信息 $p_r(r\in L)$ 的情况，根据一定规则，集结各属性效用值 $u_j^r(x^i)$ 形成群体偏爱，对供选方案进行优劣排序或选优。

本节研究的问题是：如何将各决策个体提供的供选方案关于各个属性权重的不完全信息集结为群体的属性权重信息。

属性权重信息的集结

定义 3.1－1　记 $W_j^r = [\underline{w}_j^r, \overline{w}_j^r] = [\min\limits_{W^r} w_j^r, \max\limits_{W^r} w_j^r](r\in L;$

$j \in M$)，并称它为决策者 DM_r 关于属性 f_j 的权重区间。

定义 3.1-2 设 $w_j(r, k) = \dfrac{|W_j^r \cap W_j^k|}{|W_j^r \cup W_j^k|}(r, k \in L; j \in M)$，称它为决策者 DM_r 和 DM_k 关于属性 f_j 权重的一致性指标。式中 $|W|$ 表示区间 W 的长度。

显然，$w_j(r, k) = 1$ 当且仅当 $W_j^r = W_j^k$，即 DM_r 和 DM_k 关于属性 f_j 的权重有一致的估计；$w_j(r, k) = 0$ 当且仅当 DM_r 和 DM_k 关于属性 f_j 的权重区间至多交于一点。

性质 3.1-1 对于任意的 $r, k \in S$ 和 $j \in M$，有 $0 \leqslant w_j(r, k) \leqslant 1$。

证明 由定义 3.1-2 即得。

定义 3.1-3 令 $w_j^{(r)} = \dfrac{\sum\limits_{k \neq r} w_j(r, k)}{l-1}$，称它为决策者 DM_r 关于属性 f_j 权重的一致性指标。

显然，$w_j^{(r)} = 1$ 当且仅当 DM_r 关于属性 f_j 的权重和其他所有决策者有完全一致的估计；$w_j^{(r)} = 0$ 当且仅当 DM_r 关于属性 f_j 的权重和其他任一决策者没有相同的估计。

性质 3.1-2 对于任意的 $r \in L$ 和 $j \in M$，有 $0 \leqslant w_j^{(r)} \leqslant 1$。

证明 由性质 3.1-1 和定义 3.1-3 可知。

定义 3.1-4 令 $w_j^{(G)} = \dfrac{\sum\limits_{r=1}^{l} w_j^{(r)}}{l}$，称它为群体 G 关于属性 f_j 权重的一致性指标。

$w_j^{(G)}$ 的值越接近于 1，表明群体 G 关于属性 f_j 权重的估计越一致，群体决策的最终结果越可靠。

关于各决策者所给的属性权重信息，对其一致性指标的检验可进行如下：群体中各决策者经协商后给出一致性指标的最低阈值 $\xi(0 < \xi \leqslant 1)$。若对任意的 $j \in M$ 有 $w_j^{(G)} > \xi$，则决策过程通过一致性检验；否则，则要求各决策者修正各自 W^r 中的信息，重新计算。

定义 3.1－5 令 $q_j^r=\dfrac{w_j^{(r)}}{\sum\limits_{r=1}^{l}w_j^{(r)}}$，并称它为决策者 DM_r 关于属性 f_j 权重的相对一致性指标。

相对一致性指标 q_j^r 越高，说明 DM_r 对于 f_j 的权重的估计与其他决策者的意见越一致，DM_r 的评价越能反映群体的意志，他的意见越值得尊重。

定义 3.1－6 令 $W_j^G=[\underline{W}_j^G,\bar{W}_j^G]=\left[\sum\limits_{r=1}^{l}q_j^r\underline{w}_j^r,\ \sum\limits_{r=1}^{l}q_j^r\bar{w}_j^r\right]$，称它为群体 G 关于属性 f_j 的群体权重区间。

案例分析

某公司为了扩大生产规模，决定从两个企业中选择一个作为合作伙伴。该公司同时要考虑三方面因素（即属性）：(1) 供选企业综合经济实力；(2) 本公司所开发产品与供选企业所开发产品的兼容性；(3) 本公司与供选企业合作可持续发展的能力。由三位专家 DM_1、DM_2、DM_3 组成的决策群体 G 对企业 x^1 和企业 x^2 进行综合评价。三位专家提供的关于三个属性的权重 $w_j\,(j=1,\,2,\,3)$ 的不完全信息如下：

DM_1	DM_2	DM_3
$0.4\geqslant w_1-w_2\geqslant 0.2$	$w_1\geqslant w_2\geqslant 0.3$	$0.6\geqslant w_1\geqslant 0.4$
$w_1\geqslant 2w_2$	$0.5\geqslant w_2\geqslant w_3$	$w_1\leqslant 2w_2$
$w_2-w_3\geqslant 0.1$	$w_1-w_2\geqslant w_2-w_3$	$0.4\geqslant w_2\geqslant w_3$
$0.2\geqslant w_3\geqslant 0.1$	$w_2\leqslant 2w_3$	$0.3\geqslant w_3\geqslant 0.2$

下面根据本节的方法来集结群体关于属性 $f_j\,(j=1,\,2,\,3)$ 的权重区间，具体步骤如下：

(1) 根据 $DM_r\,(r=1,\,2,\,3)$ 提供的属性权重的不完全信息，利用

Lingo 软件求解线性规划问题，计算各决策者关于属性 $f_j(j=1, 2, 3)$ 的权重区间得：

	w_1	w_2	w_3
DM_1	[0.4, 0.8]	[0.2, 0.4]	[0.1, 0.2]
DM_2	[0.3, 1]	[0.3, 0.5]	[0.15, 0.5]
DM_3	[0.4, 0.6]	[0.2, 0.4]	[0.2, 0.3]

(2) 求出各 DM_r 和 $DM_k(r, k=1, 2, 3)$ 关于属性 $f_j(j=1, 2, 3)$ 权重的一致性指标 $w_j(r, k)=\dfrac{|W_j^r \cap W_j^k|}{|W_j^r \cup W_j^k|}$。计算 DM_r 关于属性 f_j 的权重的一致性指标 $w_j^{(r)}=\dfrac{\sum\limits_{k \neq r} w_j(r, k)}{l-1}$，再计算决策群体 G 关于属性 f_j 的权重一致性指标 $w_j^{(G)}=\dfrac{\sum\limits_{r=1}^{l} w_j^{(r)}}{l}$，得

$$w_1^{(G)}=0.45,\ w_2^{(G)}=0.55,\ w_3^{(G)}=0.43。$$

(3) 群体经协商后，给出权重一致性指标的最低阈值 $\xi=0.4$，经检验知 $w_j^{(G)}>0.4(j=1, 2, 3)$，决策过程通过权重一致性检验。

(4) 依次确定 $f_j(j=1, 2, 3)$ 的群体权重区间 $W_j^G=\left[\sum\limits_{r=1}^{l} q_j^r \underline{w}_j^r, \sum\limits_{r=1}^{l} q_j^r \overline{w}_j^r\right]$。最后得到三个属性的权重区间为：

$$W_1^G=[0.37, 0.81], W_2^G=[0.22, 0.42], W_3^G=[0.16, 0.39]。$$

§3.2 专家权重不完全信息的集结

迄今为止，不完全信息群体多属性决策问题的研究中都假设各

专家权重相同或者已经给定[78-84]，没有对专家的权重问题作更多的研究。本节研究在专家权重信息不完全确定的假设下，根据专家提供的各种信息，用系统聚类分析原理[85]集结专家权重系数。该方法根据专家提供的信息对决策的有效性来确定专家权重，体现了专家提供的信息的价值与专家权重的统一，避免了专家权重先验给定的不足，因此有一定的合理性和实用性。

不完全信息专家权重系数的确定

本节所用的记号同上节。

设决策者 $DM_r(r \in L)$ 对供选方案 $x^i(i \in S)$ 关于属性 $f_j(j \in M)$ 的效用信息可由以下几种方式给出：

(1) $u_j^r(x^t) \geqslant u_j^r(x^i)$；

(2) $u_j^r(x^t) - u_j^r(x^i) \geqslant a,\ a > 0$；

(3) $u_j^r(x^t) \geqslant a u_j^r(x^i),\ a > 0$；

(4) $a \leqslant u_j^r(x^i) \leqslant a + \varepsilon,\ 1 \geqslant a \geqslant 0,\ \varepsilon \geqslant 0$；

(5) $u_j^r(x^i) - u_j^r(x^t) \geqslant u_j^r(x^k) - u_j^r(x^n)$。

记 ϕ_j^r 为由上述形式的信息组成的约束集，则

$$U_j^r = \phi_j^r \cap \{u_j^r(x^i) \mid 1 \geqslant u_j^r(x^i) \geqslant 0,\ j \in L;\ i \in S\}$$

为 DM_r 关于属性 f_j 的效用约束集。

定义 3.2-1 记 $u_{ij}^r = [\underline{u}_{ij}^r, \overline{u}_{ij}^r] = [\min\limits_{U_j^r} u_j^r(x^i), \max\limits_{U_j^r} u_j^r(x^i)]$ $(r \in L;\ i \in S;\ j \in M)$，并称它为 DM_r 关于 x^i 在 f_j 下的属性值区间。

上式中的 $\min\limits_{U_j^r} u_j^r(x^i)$ 和 $\max\limits_{U_j^r} u_j^r(x^i)$ 是以 $u_j^r(x^i) \in U_j^r$ 为约束条件的线性规划问题。若出现 u_{ij}^r 为空集的情况，则表明 DM_r 提供的关于 x^i 在 f_j 下的属性值有冲突；若出现 u_{ij}^r 为无穷区间，则表明 DM_r 提供的关于 x^i 在 f_j 下的属性值信息量过少。对于这两种情况，决策者 DM_r 应重新提供效用不完全信息。

定义 3.2-2 记$d_i^r=[\underline{d}_i^r,\bar{d}_i^r](i\in L)$,并称为$DM_r$关于决策方案$x^i$的综合评价值,其中

$$\underline{d}_i^r=\min\left\{\sum_{j=1}^{m}\underline{u}_{ij}^r w_j \mid \underline{w}_j\leqslant w_j\leqslant \bar{w}_j,\ j=1,2,\cdots,m,\ \sum_{j=1}^{m}w_j=1\right\},$$
$$\bar{d}_i^r=\max\left\{\sum_{j=1}^{m}\bar{u}_{ij}^r w_j \mid \underline{w}_j\leqslant w_j\leqslant \bar{w}_j,\ j=1,2,\cdots,m,\ \sum_{j=1}^{m}w_j=1\right\},$$
$$(3.2-1)$$

其中$[\underline{w}_j,\bar{w}_j]$表示属性$f_j$的群体权重区间。

定义 3.2-3 记$D^r=(d_1^r,d_2^r,\cdots,d_s^r)(r\in L)$,并称为$DM_r$关于决策方案的综合评价值向量。

定义 3.2-4 记$\bar{D}^r=(|d_1^r|,|d_2^r|,\cdots,|d_s^r|)(r\in L)$,并称为$DM_r$关于决策方案的相对综合评价值向量,其中$|d_i^r|=|\bar{d}_i^r|-|\underline{d}_i^r|(r\in L)$。

系统聚类分析法的原理就是计算各个向量之间的距离,找出距离相近的向量进行合并,最后通过选定的值来确定分类的一种数值分析方法。本节中将每一位专家的评价结果看作是一个向量,而用两两专家评价结果之间的一致性程度来度量向量之间的类同性,并以此作为聚类分析的标准,而两两专家评价结果之间的一致性程度采用向量夹角余弦来定义:

$$D_{ij}=\cos\theta_{ij}=\frac{\bar{D}^i\cdot\bar{D}^j}{|\bar{D}^i|\cdot|\bar{D}^j|},\quad i,j\in L,\qquad(3.2-2)$$

从公式(3.2-2)中可以看出$D_{ij}=D_{ji}$。

根据公式(3.2-2),当一致性程度值D_{ij}越大时,则说明专家i和j在各方面的相似性越大。当相似性程度达到一定水平时,就可将这两个专家归为一类。根据这一原理,可以运用以下步骤进行对l个专家进行聚类分析:

步骤一 设定每位专家各自为一类,即$G_1=\{E_1\}$,$G_2=\{E_2\}$,$\cdots$,

$G_l=\{E_l\}$,共构造 l 个类,同时令 $q=l$;

步骤二 根据公式(3.2-2)计算 l 个类两两之间的一致性程度值 D_{ij};

步骤三 选出一致性程度值 D_{ij} 中最大值 D_{xy},并将对应的类 G_x, G_y 合并为一个新类 G_{q+1}, $G_{q+1}=\{G_x, G_y\}$;

步骤四 若 $q=2(l-1)$,则转向步骤七,否则转向第五步;

步骤五 在类集合中除去类 G_x, G_y,加入新类 G_{q+1};

步骤六 计算新的类集合中各类之间的一致性程度值 D_{ij},其中

$$D_{i,q+1}=\max\{D_{ix}, D_{iy}\},\ i\neq x,\ y;\ j=1,\ 2,\ \cdots,\ m。$$

同时 $q=q+1$,转向步骤三继续合并剩余的类;

步骤七 画出聚类图,根据聚类图决定类的个数和类。

通过上述的聚类分析,可以很方便地将 l 个专家分成 l' 类($l'\leqslant l$),假设第 DM_r 位专家所在的类中包含有 ψ_r 个专家,同时假设第 r 位专家的权重为 p_r,则根据以上原理可以知道专家权重 p_r 与专家所在类的专家数 ψ_r 成正比,即

$$p_r=a\cdot\psi_r,\ r=1,\ 2,\ \cdots,\ l,$$

又因为 $\sum_{r=1}^{l}p_r=1$,所以

$$p_1:p_2:\cdots:p_l=\psi_1:\psi_2:\cdots:\psi_l, \tag{3.2-3}$$

解方程组(3.2-3)有

$$p_r=\frac{\psi_r}{\sum_{i=1}^{l}\psi_i} \tag{3.2-4}$$

由公式(3.2-4)就可以确定专家 DM_r 自身的权重系数。

案例分析

某厂家要开发一种产品,考虑从3种产品 x^i $(i=1,\ 2,\ 3)$ 中选择

一种进行投产。现请四位专家：DM_1、DM_2、DM_3、DM_4 对产品进行评估，四位决策者的权重待求。经过协商，他们选定了四个属性：f_1，f_2，f_3，f_4，其中 f_1 为总投资额，f_2 为产品的期望净现值，f_3 为风险损失值，f_4 为产品的市场潜力（可持续发展的能力）。决策者确定属性的权重不完全信息如下：$w_2 \geqslant w_1 \geqslant w_3 \geqslant w_4$，$w_2 \geqslant 2w_1$，$w_3 \leqslant 0.3$，$w_2 - w_3 \leqslant 0.25$，$w_4 \geqslant 0.1$。同时，决策者 DM_r 独立给出各方案 x^i（产品）在每一属性 f_j 下的效用值的不完全信息如下：

	f_1	f_2
DM_1	$800 \geqslant u_1^1(x^1) \geqslant 300$ $u_1^1(x^1) \leqslant u_1^1(x^2) \leqslant 700$ $600 \leqslant u_1^1(x^3) \leqslant 900$	$200 \leqslant 2u_2^1(x^1) \leqslant u_2^1(x^2)$ $300 \leqslant u_2^1(x^2) \leqslant 3u_2^1(x^3)$ $80 \leqslant u_2^1(x^3) \leqslant 200$
DM_2	$1\,000 \geqslant u_1^2(x^1) \geqslant 800$ $600 \leqslant u_1^2(x^2) \leqslant 800$ $800 \leqslant 2u_1^2(x^3) \leqslant u_1^2(x^1)$	$100 \leqslant 2u_2^2(x^1) \leqslant u_2^2(x^2)$ $100 \leqslant u_2^2(x^2) \leqslant 200$ $100 \leqslant u_2^2(x^3) \leqslant u_2^2(x^2)$
DM_3	$1\,000 \geqslant u_1^3(x^1) \geqslant 400$ $500 \leqslant u_1^3(x^2) \leqslant 2u_1^3(x^1)$ $600 \leqslant 2u_1^3(x^3) \leqslant u_1^3(x^1)$	$100 \leqslant u_2^3(x^1) \leqslant u_2^3(x^2)$ $u_2^3(x^3) \leqslant u_2^3(x^2) \leqslant 500$ $u_2^3(x^1) \leqslant u_2^3(x^3) \leqslant 500$
DM_4	$900 \geqslant u_1^4(x^1) \geqslant 500$ $700 \leqslant u_1^4(x^2) \leqslant u_1^4(x^3)$ $u_1^4(x^3) \leqslant 2u_1^4(x^1)$	$u_2^4(x^1) \leqslant 400$ $600 \leqslant u_2^4(x^2) \leqslant 800$ $200 \leqslant u_2^4(x^3) \leqslant 2u_2^4(x^1)$

	f_3	f_4
DM_1	$u_3^1(x^2) \geqslant u_3^1(x^1) \geqslant 100$ $400 \geqslant u_3^1(x^2) \geqslant 300$ $200 \geqslant u_3^1(x^3) \geqslant 150$	$0.1 \leqslant u_4^1(x^1) \leqslant 0.3$ $u_4^1(x^3) \geqslant u_4^1(x^2) \geqslant 2u_4^1(x^1)$ $0.5 \leqslant u_4^1(x^3) \leqslant 0.8$
DM_2	$60 \leqslant u_3^2(x^1) \leqslant 100$ $100 \leqslant u_3^2(x^2) \leqslant 150$ $2u_3^2(x^2) \geqslant u_3^2(x^3) \geqslant u_3^2(x^1)$	$0.1 \leqslant u_4^2(x^1) \leqslant 0.5$ $2u_4^2(x^1) \geqslant u_4^2(x^2) \geqslant 0.7$ $0.4 \leqslant u_4^2(x^3) \leqslant 0.9$

续 表

	f_3	f_4
	$100 \leqslant u_3^3(x^1)$	$0.3 \leqslant u_4^3(x^1) \leqslant u_4^3(x^2)$
DM_3	$400 \geqslant u_3^3(x^2) \geqslant 100$	$0.4 \leqslant u_4^3(x^2) \leqslant 0.8$
	$u_3^3(x^2) \geqslant u_3^3(x^3) \geqslant u_3^3(x^1)$	$0.4 \leqslant u_4^3(x^3) \leqslant 0.6$
	$90 \leqslant u_3^4(x^1) \leqslant 250$	$u_4^4(x^1) \geqslant 0.3$
DM_4	$u_3^4(x^2) \leqslant 250$	$0.3 \leqslant u_4^4(x^2) \leqslant 0.9$
	$2u_3^4(x^1) \leqslant u_3^4(x^3) \leqslant 3u_3^4(x^2)$	$u_4^4(x^2) \geqslant 3u_4^4(x^3) \geqslant u_4^4(x^1)$

用本节给出的方法来确定专家权重的系数如下：

根据决策者确定的不完全信息，通过求解线性规划计算得权重区间和 DM_r 关于方案 $x^i(i=1, 2, 3)$ 在 $f_j(j=1, 2, 3, 4)$ 下的效用区间，再由公式(3.2-1)得综合评价向量即专家评价结果：

$$\bar{D}^1 = (324.980, 384.980, 249.830),$$

$$\bar{D}^2 = (213.875, 222.250, 208.700),$$

$$\bar{D}^3 = (458.938, 719.880, 364.860),$$

$$\bar{D}^4 = (307.440, 535.440, 666.480)。$$

因为有 4 位专家参加评价，所以先将专家分成 4 类，即

$$G_1=\{E_1\}, G_2=\{E_2\}, G_3=\{E_3\}, G_4=\{E_4\}，令 q=4。$$

根据公式(3.2-2)计算各个专家两两之间的一致性程度值，得

$$D_{12}=0.9894, D_{13}=0.9911, D_{14}=0.9249$$

$$D_{23}=0.9668, D_{24}=0.9572, D_{34}=0.9125$$

从计算结果可以看出，$D_{13}=0.9911$ 的值最大，所以将类 G_1，G_3 合并成一个新类 G_5，$G_5=\{G_1, G_3\}=\{E_1, E_3\}$；此时的剩余类为 G_2，G_4，G_5。计算各类间的一致性程度值，得 $D_{25}=\max\{D_{12}, D_{23}\}=$

0.989 4，$D_{45}=\max\{D_{14}, D_{34}\}=0.924\,9$，$=0.957\,2$。
令 $q=5$，返回继续合并剩余的类。

依据聚类分析的步骤，将剩余的各类依次聚合，得到新类

$$G_6=\{G_4, G_5\}=\{E_1, E_3, E_2\},$$
$$G_7=\{G_2, G_6\}=\{E_1, E_3, E_2, E_4\}。$$

根据以上聚类的结果，4 位专家分成两类较为合适，

第一类有 2 位专家，分别为：E_1, E_3, E_2，

第二类有 2 位专家，分别为：E_4，

并且 $\psi_1=\psi_3=\psi_2=3$，$\psi_4=1$。所以，根据公式(3.2-4)算得各位专家的权重系数分别为

$$p_1=p_3=p_2=\frac{3}{10},\ p_4=\frac{1}{10}。$$

§3.3 弱序关系和弱序偏爱强度法

有别于普遍使用的最小遗憾弱序算法[78-81]，本节引入了一种新的弱优的概念，探讨了建立在两两比较基础上的几种弱优关系的内在联系。为弱优关系建立理论的基础上，构造了一种新的交互式群体多属性决策的关于弱序的偏爱强度方法，并给出案例分析。

偏爱强度与弱序关系

本节所用的记号同上两节。

定义 3.3-1 方案 $x^i(i\in S)$ 在属性 $f_j(j\in M)$ 下的效用群体区间定义为：$[\alpha\min\limits_{r}\min\limits_{U_j^r}u_j^r(x^i)+(1-\alpha)\max\limits_{r}\min\limits_{U_j^r}u_j^r(x^i),\ \alpha\max\limits_{r}\max\limits_{U_j^r}u_j^r(x^i)+(1-\alpha)\min\limits_{r}\max\limits_{U_j^r}u_j^r(x^i)]$，并将其记作$[\underline{u_j}(x^i), \bar{u}_j(x^i)]$，其中 α 取值为 0 或 1。当群体交区域存在时，即$[\max\limits_{r}\min\limits_{U_j^r}u_j^r(x^i), \min\limits_{r}\max\limits_{U_j^r}u_j^r(x^i)]$ 非

空时，α 取值为 0；否则 α 取值为 1。

定义 3.3-2 方案 x^i 的群体效用区间定义为：

$$[\underline{V}(x^i),\ \bar{V}(x^i)] = \Big[\sum_{j=1}^{l} w_j\,\underline{u}_j(x^i),\ \sum_{j=1}^{l} w_j\,\bar{u}_j(x^i)\Big],$$

其中 w_j 表示属性 $f_j(j \in M)$ 的权重。

这种定义的意义在于当决策者之间对方案效用有着共同意见时，则以该共同意见作为群体效用区间；如果共同意见不存在，则退其次，考虑所有决策者的意见。最后，进行一致性检验，给定一个最高阈值 $\beta(1 > \beta > 0)$，使得

$$(\alpha \max_r \max_{U_j^r} u_j^r(x^i) + (1-\alpha) \min_r \max_{U_j^r} u_j^r(x^i)) -$$
$$(\alpha \min_r \min_{U_j^r} u_j^r(x^i) + (1-\alpha) \max_r \min_{U_j^r} u_j^r(x^i)) \leqslant \beta。$$

如果一致性检验不能通过，则要求决策者重新提供效用信息。

方案间的评价问题归结为对效用区间与权重区间的聚合。下面定义方案间的绝对优、强优、次强优和弱优等概念。

定义 3.3-3 对于 $x^i,\ x^t \in X$，若 $\min\limits_W \underline{V}(x^i) > \max\limits_W \bar{V}(x^t)$ 成立，则称 x^i 绝对优于 x^t，记作 $x^i \succ_A x^t$，其中 W 为决策群体 G 给出的关于各属性权重不完全信息的约束集。

定义 3.3-4 对于 $x^i,\ x^t \in X$，若 $\min\limits_W[\underline{V}(x^i) - \bar{V}(x^t)] > 0$ 成立，则称 x^i 严格优于 x^t，记作 $x^i \succ_S x^t$。显然由 $x^i \succ_A x^t$ 可得 $x^i \succ_S x^t$。

鉴于在大多数实际问题中，方案之间的绝对优和严格优很少发生，下面给出次严格优和弱优的概念来建立方案集上的全序关系。

定义 3.3-5 对于 $x^i,\ x^t \in X$，若 $\min\limits_W[\bar{V}(x^i) - \bar{V}(x^t)] > 0$ 且 $\min\limits_W[\underline{V}(x^i) - \underline{V}(x^t)] > 0$，则称 x^i 次严格优于 x^t，记作 $x^i \succ_L x^t$。

定理 3.3-1 对于任意的 $x^i,\ x^t \in X$，若 $x^i \succ_S x^t$，则 $x^i \succ_L x^t$。

证明 由 $x^i \succ_S x^t$ 知 $\min\limits_W[\underline{V}(x^i) - \bar{V}(x^t)] > 0$。因此，有

$$\min_W[\bar{V}(x^i)-\bar{V}(x^t)]>\min_W[\underline{V}(x^i)-\bar{V}(x^t)]>0,$$

和

$$\min_W[\underline{V}(x^i)-\underline{V}(x^t)]>\min_W[\underline{V}(x^i)-\bar{V}(x^t)]>0,$$

所以 $$x^i \succsim_L x^t。$$

定义 3.3-6 对于任意的 x^i，$x^t \in X$，定义方案 x^i 偏好 x^t 的偏好强度为

$$d(x^i,\ x^t)=\max_W[\underline{V}(x^i)-\underline{V}(x^t)]+\min_W[\bar{V}(x^i)-\bar{V}(x^t)];$$

并定义方案 x^i 的偏好强度为 $d(x^i)=\sum_{t\neq i}d(x^i,\ x^t)-\sum_{t\neq i}d(x^t,\ x^i)$。

定义 3.3-7 对于任意的 x^i，$x^t \in X$，若 $d(x^i)>d(x^t)$，则称 x^i 弱优于 x^t，记作 $x^i \succsim_W x^t$。

对于方案 x^i 偏好 x^t 的偏好强度，定义 3.3-6 给出的是折中主义的取法：

$$d(x^i,\ x^t)=\max_W[\underline{V}(x^i)-\underline{V}(x^t)]+\min_W[\bar{V}(x^i)-\bar{V}(x^t)]。$$

此外，我们可以按照贪婪主义原则，定义偏好强度为

$$d_1(x^i,\ x^t)=\max_W[\underline{V}(x^i)-\underline{V}(x^t)]+\max_W[\bar{V}(x^i)-\bar{V}(x^t)];$$

也可以按照保守主义原则，定义偏好强度为

$$d_2(x^i,\ x^t)=\min_W[\underline{V}(x^i)-\underline{V}(x^t)]+\min_W[\bar{V}(x^i)-\bar{V}(x^t)]。$$

这三种取法的本质均为两两比较，下面的定理证明了这三种取法不影响方案的偏好强度。

定理 3.3-2 对于任意的 $x^i \in X$，记

$$d(x^i)=\sum_{t\neq i}d(x^i,\ x^t)-\sum_{t\neq i}d(x^t,\ x^i),$$

$$d_1(x^i) = \sum_{t\neq i} d_1(x^i, x^t) - \sum_{t\neq i} d_1(x^t, x^i),$$

$$d_2(x^i) = \sum_{t\neq i} d_2(x^i, x^t) - \sum_{t\neq i} d_2(x^t, x^i),$$

那么 $$d(x^i) = d_1(x^i) = d_2(x^i)。$$

证明

$$d(x^i) = \sum_{t\neq i} d(x^i, x^t) - \sum_{t\neq i} d(x^t, x^i)$$

$$= \sum_{t\neq i} \max_W[\underline{V}(x^i) - \underline{V}(x^t)] + \min_W[\bar{V}(x^i) - \bar{V}(x^t)] -$$

$$\sum_{t\neq i} \max_W[\underline{V}(x^t) - \underline{V}(x^i)] + \min_W[\bar{V}(x^t) - \bar{V}(x^i)]$$

$$= \sum_{t\neq i} \{\max_W[\underline{V}(x^i) - \underline{V}(x^t)] + \min_W[\bar{V}(x^i) - \bar{V}(x^t)] +$$

$$\min_W[\underline{V}(x^i) - \underline{V}(x^t)] + \max_W[\bar{V}(x^i) - \bar{V}(x^t)]\}。$$

同理可证:

$$d_1(x^i) = d_2(x^i)$$

$$= \sum_{t\neq i} \{\max_W[\underline{V}(x^i) - \underline{V}(x^t)] + \min_W[\bar{V}(x^i) - \bar{V}(x^t)] +$$

$$\min_W[\underline{V}(x^i) - \underline{V}(x^t)] + \max_W[\bar{V}(x^i) - \bar{V}(x^t)]\}。$$

定理 3.3-2 证明了,无论方案 x^i 偏好于 x^t 的偏好强度按照乐观主义、贪婪主义或折中主义原则取值,都不影响最终的决策结果。

下面再讨论弱序关系的一些性质。

定理 3.3-3 设 $x^i \in X$。若对于任意的 $x^t \in X$,有 $x^i \underset{L}{\succ} x^t (t \neq i)$,则 $d(x^i) > 0$。

证明 对于任意的 $x^t \in X(t \neq i)$,因为 $x^i \underset{L}{\succ} x^t$,由定义知

$$\min_W[\underline{V}(x^i)-\underline{V}(x^t)]>0\text{ 且}\min_W[\bar{V}(x^i)-\bar{V}(x^t)]>0,$$

故有

$$\max_W[\underline{V}(x^i)-\underline{V}(x^t)]>0\text{ 且}\max_W[\bar{V}(x^i)-\bar{V}(x^t)]>0。$$

因此,得到

$$d(x^i)=\sum_{t\neq i}\{\max_W[\underline{V}(x^i)-\underline{V}(x^t)]+\min_W[\bar{V}(x^i)-\bar{V}(x^t)]+$$
$$\min_W[\underline{V}(x^i)-\underline{V}(x^t)]+\max_W[\bar{V}(x^i)-\bar{V}(x^t)]\}>0。$$

定理 3.3-4 对于任意的 x^i, $x^j\in X$,若 $x^i\underset{L}{\succ}x^j$,则 $x^i\underset{W}{\succ}x^j$。

证明 由定理 3.3-2 可知:

$$d(x^i)=\sum_{t\neq i}\{\max_W[\underline{V}(x^i)-\underline{V}(x^t)]+\min_W[\bar{V}(x^i)-\bar{V}(x^t)]+$$
$$\min_W[\underline{V}(x^i)-\underline{V}(x^t)]+\max_W[\bar{V}(x^i)-\bar{V}(x^t)]\}$$

和

$$d(x^j)=\sum_{t\neq i}\{\max_W[\underline{V}(x^j)-\underline{V}(x^t)]+\min_W[\bar{V}(x^j)-\bar{V}(x^t)]+$$
$$\min_W[\underline{V}(x^j)-\underline{V}(x^t)]+\max_W[\bar{V}(x^j)-\bar{V}(x^t)]\}。$$

由已知条件 $x^i\underset{L}{\succ}x^j$,故

$$\min_W[\underline{V}(x^i)-\underline{V}(x^j)]>0\text{ 且}\min_W[\bar{V}(x^i)-\bar{V}(x^j)]>0,$$

因此有

$$\max_W[\underline{V}(x^i)-\underline{V}(x^j)]>0\text{ 且}\max_W[\bar{V}(x^i)-\bar{V}(x^j)]>0。$$

于是,对于任意的 $x^t\in X$ 有

$$\max_W[\underline{V}(x^j)-\underline{V}(x^t)]=\max_W[\underline{V}(x^j)-\underline{V}(x^i)+\underline{V}(x^i)-\underline{V}(x^t)]$$

$$\leqslant \max_W[\underline{V}(x^j)-\underline{V}(x^i)]+\max_W[\underline{V}(x^i)-\underline{V}(x^t)],$$

所以

$$\max_W[\underline{V}(x^i)-\underline{V}(x^t)]-\max_W[\underline{V}(x^j)-\underline{V}(x^t)]$$

$$\geqslant -\max_W[\underline{V}(x^j)-\underline{V}(x^i)]=\min_W[\underline{V}(x^j)-\underline{V}(x^i)]>0,$$

即

$$\max_W[\underline{V}(x^i)-\underline{V}(x^t)]>\max_W[\underline{V}(x^j)-\underline{V}(x^t)]。$$

同理,可证

$$\min_W[\underline{V}(x^i)-\underline{V}(x^t)]>\min_W[\underline{V}(x^j)-\underline{V}(x^t)],$$

$$\max_W[\bar{V}(x^i)-\bar{V}(x^t)]>\max_W[\bar{V}(x^j)-\bar{V}(x^t)],$$

$$\min_W[\bar{V}(x^i)-\bar{V}(x^t)]>\min_W[\bar{V}(x^j)-\bar{V}(x^t)]。$$

因此,有 $d(x^i)>d(x^j)$,即 $x^i \underset{W}{\succ} x^j$。

由弱序关系的定义可知,弱序关系满足传递性,因此决策群体可以直接根据 $d(x^i)$ $(i\in S)$ 的大小给出方案集上的全序关系,此方法称为弱序偏爱强度法。

案例分析

某公司为了扩大生产规模,决定从两个企业中选择一个作为合作伙伴。该公司同时要考虑三方面因素(即属性):(1) 供选企业综合经济实力;(2) 本公司所开发产品与供选企业所开发产品的兼容性;(3) 本公司与供选企业合作可持续发展的能力。由三位专家 DM_1、DM_2、DM_3 组成的决策群体 G 对企业 x^1 和企业 x^2 进行综合评价。三位专家提供的关于三个属性的权重 w_j $(j=1,2,3)$ 的不完全信息如下:

DM_1	DM_2	DM_3
$0.4 \geqslant w_1 - w_2 \geqslant 0.2$	$w_1 \geqslant w_2 \geqslant 0.3$	$0.6 \geqslant w_1 \geqslant 0.4$
$w_1 \geqslant 2w_2$	$0.5 \geqslant w_2 \geqslant w_3$	$w_1 \leqslant 2w_2$
$w_2 - w_3 \geqslant 0.1$	$w_1 - w_2 \geqslant w_2 - w_3$	$0.4 \geqslant w_2 \geqslant w_3$
$0.2 \geqslant w_3 \geqslant 0.1$	$w_2 \leqslant 2w_3$	$0.3 \geqslant w_3 \geqslant 0.2$

三位专家提供的效用的不完全信息如下：

	f_1	f_2	f_3
DM_1	$u_1^1(x^2) \leqslant 2u_1^1(x^1)$ $u_1^1(x^1) \leqslant 2u_1^1(x^2)$ $0.6 \geqslant u_1^1(x^1) > 0.3$	$0.1 \leqslant u_2^1(x^2) \leqslant 0.3$ $u_2^1(x^2) \leqslant u_2^1(x^1)$ $u_2^1(x^1) \leqslant 0.7$	$u_3^1(x^1) - u_3^1(x^2) \geqslant 0.2$ $0.5 \geqslant u_3^1(x^1) \geqslant 0.3$ $u_3^1(x^2) \geqslant 0.2$
DM_2	$u_1^2(x^2) - u_1^2(x^1) \geqslant 0.2$ $u_1^2(x^2) \leqslant 0.7$ $0.6 \geqslant u_1^2(x^1) \geqslant 0.3$	$u_2^2(x^1) \geqslant u_2^2(x^2)$ $0.4 \leqslant u_2^2(x^2) \leqslant 0.6$ $u_2^2(x^1) \leqslant 2u_2^2(x^2)$	$0.7 \geqslant u_3^2(x^1) \geqslant 0.5$ $u_3^2(x^1) - u_3^2(x^2) \leqslant 0.2$ $u_3^2(x^1) \geqslant u_3^2(x^2)$
DM_3	$u_1^3(x^2) \geqslant 2u_1^3(x^1)$ $0.5 \geqslant u_1^3(x^1) \geqslant 0.3$ $0.7 \geqslant u_1^3(x^2) \geqslant 0.5$	$u_2^3(x^1) \geqslant 3u_2^3(x^2)$ $0.5 \leqslant u_2^3(x^1) \leqslant 0.7$ $u_2^3(x^2) \geqslant 0.1$	$0.2 \leqslant u_3^3(x^1) \leqslant 0.7$ $u_3^3(x^1) \geqslant u_3^3(x^2)$ $u_3^3(x^1) - u_3^3(x^2) \leqslant 0.2$

用弱序偏爱强度法作群体决策如下：

(1) 用§3.1中的方法计算决策群体 G 关于属性 $f_j(j=1, 2, 3)$ 的权重区间

$$W_1^G = [0.37, 0.81],$$

$$W_2^G = [0.22, 0.42],$$

$$W_3^G = [0.16, 0.39]。$$

(2) 计算 $DM_r(r=1, 2, 3)$ 对方案 $x^i(i=1, 2)$ 关于属性 $f_i(i=1, 2, 3)$ 的效用区间：

DM_1：

	f_1	f_2	f_3
x^1	[0.3, 0.6]	[0.1, 0.7]	[0.4, 0.5]
x^2	[0.3, 1]	[0.1, 0.3]	[0.2, 0.3]

DM_2：

	f_1	f_2	f_3
x^1	[0.3, 0.5]	[0.4, 1]	[0.5, 0.7]
x^2	[0.5, 0.7]	[0.4, 0.6]	[0.3, 0.7]

DM_3：

	f_1	f_2	f_3
x^1	[0.3, 0.35]	[0.5, 0.7]	[0.2, 0.7]
x^2	[0.6, 0.7]	[0.1, 0.23]	[0.2, 0.7]

(3) 计算方案 $x^i(i=1, 2)$ 关于属性 $f_j(j=1, 2, 3)$ 的群体效用区间，得：

	f_1	f_2	f_3
x^1	[0.30, 0.35]	[0.50, 0.70]	[0.20, 0.70]
x^2	[0.60, 0.70]	[0.10, 0.60]	[0.20, 0.70]

(4) 经检验 x^1 和 x^2 之间不满足强优、严格优和次严格优关系。计算得：$d(x^1)=-0.0785$，$d(x^2)=0.0785$，由此可知 $x^2 \underset{W}{\succ} x^1$。

综上所述，x^2 为最优合作伙伴。

第四章　多目标决策解集的连通性和稳定性

本章共三节，分别讨论多目标决策解集的连通性和稳定性及群体多目标决策方法。第一节利用点集映射的半连续性给出多目标决策问题有效点集的连通性[149]。第二节，改进了关于锥扰动下锥弱有效点集的上半连续稳定性的一个相关结果，还给出一个锥弱有效点集在下半连续意义上的稳定性结果[157]。第三节，构造了一个求解群体多目标决策问题的理想偏爱法[158]。

§4.1　点集映射的半连续性与有效点集的连通性

多目标最优化理论的重要课题之一是研究其有效解集的拓扑结构。其中的连通性和可缩性等拓扑性质，因其与不动点理论有密切联系而在经济均衡理论中有着重要应用，所以备受人们关注[136-148]。通常在研究多目标规划的有效点集的连通性时，人们常将有效点集表示为某个连通集上的闭的点集映射的象集[136,173,174]。本文通过反例说明了连通集上的闭的点集映射的象集未必是连通的；并借助于上半连续的概念给出有限维空间中集合的有效点集和弱有效点集的连通性结果[149]。

定义和引理

设 X 和 Y 分别为拓扑向量空间 $\mathscr{X}$ 和 $\mathscr{Y}$ 的子空间，2^Y 为 Y 的幂集，F 为点集映射

$$F: X \to 2^Y,\ x \mapsto F(x)。$$

定义 4.1-1 称F在点x处是闭的,若对X中任意的点列$\{x^n\}$, $x^n \to x$和点列$\{y^n\} \subset F(x^n)$, $y^n \to y$必有$y \in F(x)$。若F在X的每一点处是闭的,则称F在集合X上是闭的。

定义 4.1-2 称F在点x处是上半连续的,若对任一包含$F(x)$的开集$O \subset Y$存在x的邻域$V(x) \subset X$使得当$x' \in V$时,有$F(x') \subset O$。若F在X的每一点处是上半连续的,则称F在集合X上是上半连续的。

下面的引理揭示了这两个概念之间的关系。

引理 4.1-1 设X为距离空间,点集映射F在x处上半连续,$F(x)$是闭集,那么F在x处是闭的。

证明 对X中的任意点列$\{x^n\}$,$x^n \to x$,和点列$\{y^n\} \subset F(x^n)$,$y^n \to y$,我们证明$y \in F(x)$。用反证法,假设$y \notin F(x)$,那么存在不交开集U和O分别包含y和$F(x)$,因为F在x处上半连续,故对此O存在x的邻域V,使$F(V) \subset O$。因$x_n \to x$,故存在充分大的N使得当$n > N$时有$x_n \in V$,从而$F(x_n) \subset O$,即$y_n \in O$。另一方面,因$y_n \to y \in U$,故存在N_2使当$n > N_2$时,$y_n \in U$,这与U和O的交集为空矛盾。

定义 4.1-3 称集合$A \subset X$是可分离的,若有A_1, $A_2 \subset X$使得$A = A_1 \cup A_2$, $clA_1 \cap A_2 = A_1 \cap clA_2 = \phi$。若$A$不是可分离的,则称$A$是连通的。

引理 4.1-2[173] $A \subset X$为连通集当且仅当存在两个开集O_1, O_2,使得$A \subset O_1 \cup O_2$并且$A \cap O_1 \neq \phi$, $A \cap O_2 \neq \phi$, $A \cap O_1 \cap O_2 = \phi$。

引理 4.1-3[173] 设集合$A \subset X$为非空连通集,集合$B \subset X$,且$A \subset B \subset clA$,那么B是连通集。

问题和反例

定义 4.1-4 设$Y \subset R^m$是非空集合。

(1) 若$y' \in Y$,并且不存在$y \in Y$使得

$$y' - y \in R^m \setminus \{0\},$$

则称 y' 是集合 Y 的 Pareto 有效点。Y 的所有 Pareto 有效点组成的集合记作 $E(Y)$。

(2) 若 $y' \in Y$，并且不存在 $y \in Y$ 使得

$$y' - y \in \operatorname{int} R^m,$$

则称 y' 是集合 Y 的 Pareto 弱有效点。Y 的所有 Pareto 弱有效点组成的集合记作 $E_w(Y)$。

人们在研究有效点集 $E(Y)$ 和弱有效点集 $E_w(Y)$ 的连通性时，一般借助于标量化手段，将有效点集或弱有效点集视为某个闭点集映射的象。而证明其连通性，往往要用到如下的命题。

命题 4.1－1 设 $\mathscr{X}$ 和 $\mathscr{Y}$ 是拓扑向量空间，$U \subset \mathscr{X}$ 是连通集，点集映射 $F: U \to 2^Y$，$u \mapsto F(u)$ 在 U 上是闭的。若对每个 $u \in U$，$F(u) \neq \phi$ 是连通集，则 $\bigcup\limits_{u \in U} F(u)$ 是连通集。

此结论即[173]中的命题 2.5.6 和[174]中的引理 3.2。加强此命题的条件，设 X 为 R^n 中的连通集，则有：

命题 4.1－2 设 $X \subset R^n$，$Y \subset R^m$，且 X 是连通集，点集映射 $F: X \to 2^Y$，$x \mapsto F(x)$ 在 X 上是闭的。若对每个 $x \in X$，$F(x) \neq \phi$ 是连通集，则 $\bigcup\limits_{x \in X} F(x)$ 是连通集。

此结论即[136]中的定理 3.1。下面构造反例说明这两个结论有误。

反例 设 $X = [-1, 1]$，点集映射 $F: X \to 2^R$ 定义为：当 $x \in [0, 1]$ 时，$F(x) = [2, 3]$；当 $x \in [-1, 0)$ 时，$F(x) = [\ln(-x), \ln(-x) + 1]$。

我们验证 F 在 X 上的每一点 x 处是闭的。事实上，当 $x \in (0, 1]$ 时，$F(x)$ 在点 x 处显然是闭的；当 $x \in [-1, 0)$ 时，对任意收敛到 x 的点列 $\{x^k\}$ 和收敛到 y 的点列 $\{y^k\}$，$y^k \in F(x^k)$，有

$$y^k \in [\ln(-x^k), \ln(-x^k) + 1],$$

即

$$\ln(-x^k) \leqslant y^k \leqslant \ln(-x^k)+1。$$

令 $k\to\infty$,得 $\ln(-x)\leqslant y\leqslant \ln(-x)+1$,即 $y\in F(x)$,从而 $F(x)$ 在点 x 处是闭的。

当 $x=0$ 时,对任意收敛到 x 的点列 $\{x^k\}$,有

$$F(x^k)=[2,\ 3],当\ x^k>0\ 时,$$

$$F(x^k)=[\ln(-x^k),\ \ln(-x^k)+1],当\ x^k<0\ 时。$$

设 $y^k\in F(x^k)$, $y^k\to y$,于是存在正整数 K 使得当 $k>K$ 时有 $x^k>0$,否则 y^k 无界,与收敛性矛盾。由于 $x^k>0$,$x^k\to 0$,知 $y^k\in[2, 3]$,故 $y\in[2,\ 3]=F(0)$,从而 $F(x)$ 在 x 处是闭的。

但是,$\bigcup\limits_{x\in X}F(x)=(-\infty,\ 1]\cup[2,\ 3]$ 显然不是连通集。

有效点集和弱有效点集的连通性

下面借助于上半连续的概念及标量化手段来建立 Pareto 有效点集和 Pareto 弱有效点集的连通性。

引理 4.1-4 设 $w\in R^m$ 为非零向量,$Y\subset R^m$ 为非空闭凸集,$E(Y)$ 为 Y 的 Pareto 有效点集。记

$$Y(w)=\{y^*\in R^m:\langle w,\ y^*\rangle=\min_{y\in Y}\langle w,\ y\rangle\},$$

则有
$$\bigcup_{w>0}Y(w)\subset E(Y)\subset\overline{\bigcup_{w>0}Y(w)}。$$

证明 参见[173]中的定理 2.4-3 和定理 2.4-4。

引理 4.1-5 设 $w\in R^m$ 为非零向量,$Y\subset R^m$ 为非空 R^m_+—凸集,$E_w(Y)$ 为 Y 的 Pareto 弱有效点集,则 $E_w(Y)=\bigcup\limits_{w\geqslant 0}Y(w)$。

证明 参见[173]中的定理 2.4-8。

定理 4.1-1 设 $\mathscr{X}$ 和 $\mathscr{Y}$ 是拓扑向量空间,X 是 $\mathscr{X}$ 中的连通集,点集映射 $F: X\to 2^Y$, $x\mapsto F(x)$ 在 X 上是上半连续的。若对任意的 $x\in$

X, $F(x)$ 为非空连通集,则 $F(X) = \bigcup \{F(x): x \in X\}$ 是连通集。

证明 用反证法,假设 $F(X)$ 是可分离的,那么由引理 4.1-2 知存在开集 O_1 和 O_2 使得 $F(X) \subset O_1 \cup O_2$,而且有

$$B_1 = F(X) \cap O_1 \neq \phi,$$

$$B_2 = F(X) \cap O_2 \neq \phi,$$

$$B_1 \cap B_2 = F(X) \cap O_1 \cap O_2 = \phi。$$

设 $x \in X$,由 $F(x) \neq \phi$ 是连通的,且 $F(x) \subset F(X)$,知 $F(x) \subset O_1$ 和 $F(x) \subset O_2$ 两式中有且仅有一式成立。令

$$A_1 = \{x \in X : F(x) \subset B_1\},$$
$$A_2 = \{x \in X : F(x) \subset B_2\},$$

那么 $A_1 \neq \phi$, $A_2 \neq \phi$,且 $X = A_1 \cup A_2$。现在证明 $clA_1 \cap A_2 = \phi$。事实上,反之假若存在 $\bar{x} \in clA_1 \cap A_2$,那么由 $\bar{x} \in A_2$ 知 $F(\bar{x}) \subset B_2 \subset O_2$,因为 O_2 为开集,由 $F(x)$ 在 $\bar{x}$ 处上半连续知,存在 $\bar{x}$ 的邻域 V 使得

$$F(x) \subset O_2 \quad \forall x \in V \cap X。$$

因此,我们有

$$F(x) \subset F(X) \cap O_2 = B_2 \quad \forall x \in V \cap X。$$

另一方面,从 $\bar{x} \in clA_1$ 知 V 中含有 A_1 的点。设 $x' \in V \cap A_1$,那么 $F(x') \in B_1 \cap B_2$,这与 $B_1 \cap B_2 = \phi$ 矛盾,因此 $clA_1 \cap A_2 = \phi$。同理,可证 $clA_2 \cap A_1 = \phi$。因此,X 是可分离的,这与假设 X 是连通集矛盾。

定理 4.1-2 设 $Y \subset R^m$ 为非空紧集,记 $X = R^m_+ \setminus \{0\}$,对 $w \in X$,定义

$$Y(w) = \{y^* \in R^m : \langle w, y^* \rangle = \min_{y \in Y} \langle w, y \rangle\},$$

则点集映射 $F: X \to 2^{R^m}$, $w \mapsto Y(w)$ 在 X 上是上半连续的。

证明 对X中的任一$\overline{w}$及任一包含$Y(\overline{w})$的开集O,下证存在$\overline{w}$的邻域V,使得$F(V)\subset O$。用反证法,若不然,假设对$\overline{w}$的任一邻域V,有$w\in V\cap X$及$y\in F(w)$使$y\notin O$。于是,可得一个收敛于$\overline{w}$的点列$\{w_k\}$,及$y_k\in F(w_k)\subset Y$。但是$y_k\notin O$,又因为$y_k\in Y$,Y为紧集,故Y有收敛子列。不妨设$y_k\to\overline{y}\in Y$,那么由$y_k\in O^c$,O^c为闭集知$\overline{y}\in O^c$,故$\overline{y}\notin Y(\overline{w})$。由$Y(\overline{w})$的意义知存在$y'\in Y$使得$\langle\overline{w},y'\rangle\geqslant\langle\overline{w},\overline{y}\rangle$,由于$w^k\to\overline{w}$, $y^k\to\overline{y}$,且函数$u_1(w,y)=\langle w,y\rangle$及$u_1(w)=\langle w,y\rangle$显然是连续的,可知存在充分大的$N$,使得$\langle w^N,y'\rangle<\langle w^N,y^N\rangle$,因此$y^N\notin Y(w^N)$,导致矛盾。

定理 4.1-3 设$Y\subset R^m$是非空紧凸集,那么

(1) $E(Y)$是连通集;

(2) $E_w(Y)$是连通集。

证明 (1) 由Y为紧集,又对任意的$w>0$,函数$u(y)=\langle w,y\rangle$是连续的,故$Y(w)\neq\phi$。下面证明当$w>0$时,$Y(w)$为凸集。事实上,若$Y(w)$为单点集时,它显然是凸的;现在任取y^1, $y^2\in Y(w)$,那么对任意的$\lambda\in(0,1)$,因为

$$\langle w,y^1\rangle=\langle w,y^2\rangle=\min_{y\in Y}\langle w,y\rangle,$$

从而有

$$\langle w,\lambda y^1+(1-\lambda)y^2\rangle=\min_{y\in Y}\langle w,\lambda y^1+(1-\lambda)y^2\rangle=\min_{y\in Y}\langle w,y\rangle。$$

因Y是凸集,故$\lambda y^1+(1-\lambda)y^2\in Y$,于是从上式得知$\lambda y^1+(1-\lambda)y^2\in Y(w)$,这说明对任意的$w>0$,$Y(w)$为凸集,因此为连通集。由定理4.1-2知,$F$在$R^m_+\setminus\{0\}$上从而也在$\mathrm{int}R^m_+$上是上半连续的,根据定理4.1-1,知$\bigcup\limits_{w>0}Y(w)$是连通集。

又由引理 4.1-4,有$\bigcup\limits_{w>0}Y(w)\subset E(Y)\subset\overline{\bigcup\limits_{w>0}Y(w)}$,据引理4.1-3知$E(Y)$为连通集。

(2) 对$w\in R^m_+\setminus\{0\}$,$Y(w)$为非空凸集,故为连通集。由定理

4.1-2 知，F 在 $R_+^m\setminus\{0\}$ 上为上半连续。因此，$\bigcup\limits_{w\geqslant 0} Y(w)$ 为连通集，又由引理 4.1-5 知，$E_w(Y)=\bigcup\limits_{w\geqslant 0} Y(w)$，故 $E_w(Y)$ 是连通集。

§4.2 锥扰动下锥弱有效点集的稳定性

受扰动集合的有效点集和弱有效点集的稳定性问题，是研究多目标最优化的有效解集和弱有效解集稳定性的基础，因而是多目标最优化理论研究中的重要课题。文献[150,151]研究了在有限维空间中，当一个集合或多目标最优化问题的目标和约束受扰动时，其相应的锥有效点集和锥有效解集在半连续意义上的稳定性。在文献[155,156]中讨论了刻画目标空间序关系的控制锥受扰动时，锥有效点集和多目标最优化问题的锥有效解集在半连续意义上的稳定性。本文改进了[154]中关于锥扰动下锥弱有效点集的上半连续稳定性的相关结果，并且进一步给出一个锥扰动集合的锥弱有效点集在下半连续意义上的稳定性结果[157]。

定义和引理

设 $\mathscr{X}$,$\mathscr{Y}$和 $\mathscr{Z}$ 为拓扑向量空间。

定义 4.2-1 设集合 $A\subset\mathscr{X}$, $B\subset\mathscr{Y}$,点$\bar{a}\in A$。设有点集映射

$$\varphi\colon A\to 2^B,\ x\mapsto\varphi(x)。$$

(1) 若对任意的点列 $\{a^k\}\subset A$, $a^k\to\bar{a}$ 以及 $b^k\in\varphi(a^k)$,$b^k\to\bar{b}$,有$\bar{b}\in\varphi(\bar{a})$，则称 φ 在点$\bar{a}$ 处上半连续。(注：某些文献中称这种上半连续性为闭性。)

(2) 若对任意的点列 $\{a^k\}\subset A$, $a^k\to\bar{a}$ 和$\bar{b}\in\varphi(\bar{a})$,存在正整数 N 和点列$\{b^k\}_1^\infty\subset A$，使得当 $k>N$ 时有 $b^k\in\varphi(a^k)$ 且 $b^k\to\bar{b}$,则称 φ 在点$\bar{a}$ 处下半连续。

(3) 若点集映射 φ 在点$\bar{a}$处既上半连续又下半连续，则称 φ 在点$\bar{a}$处连续。

定义 4.2－2 设集合 $Y \subset \mathscr{Y}$，$K \subset \mathscr{Z}$ 为尖闭凸锥且 $\operatorname{int} K \neq \phi$。若 $\tilde{y} \in Y$ 且不存在 $y \in Y$ 使得 $\tilde{y} - y \in \operatorname{int} K$，则称 $\tilde{y}$ 是 Y 的 $K-$弱有效点。Y 的一切 $K-$弱有效点组成的集合记为 $E_w(Y, K)$。

引理 4.2－1 设 φ: $y \to \varphi(y)$ 为 Y 到 R^m 的点集映射，且 φ 在 $\hat{y} \in Y$ 附近凸且在点 $\hat{y}$ 处是下半连续的。又 $y^k \in Y$ 和 $z^k \in R^m$ 分别收敛于 $\hat{y}$ 和 $\hat{z}$。若 $\hat{z} \in \operatorname{int} \varphi(\hat{y})$，则除了有限个 k 之外有 $z^k \in \operatorname{int} \varphi(y^k)$。

证明 因为 $\hat{z} \in \operatorname{int} \varphi(\hat{y})$，故存在 $\delta > 0$ 使得

$$\hat{z} + B_\delta \subset \varphi(\hat{y}),$$

其中 B_δ 是以 0 为中心、以 δ 为半径的闭球。

由 z^k 收敛于 $\hat{z}$，因此存在正整数 N，使得当 $k \geqslant N$ 时，$z^k \in \hat{z} + \operatorname{int} B_{\frac{\delta}{2}}$。设若存在 $k \geqslant N$，使得

$$z^k \notin \operatorname{int} \varphi(y^k),$$

那么由条件可知 $\varphi(y^k)$ 为凸集，因而 $\operatorname{int} \varphi(y^k)$ 为凸的。由凸集分离定理可知存在 $\lambda \in R^m$，$\|\lambda\| = 1$，使得

$$\langle \lambda, z \rangle \leqslant \langle \lambda, z^k \rangle \quad \forall z \in \operatorname{int} \varphi(y^k)。$$

作

$$\bar{z}^k = \hat{z} + \frac{\delta}{2}\lambda + \langle \lambda, z^k - \hat{z} \rangle \lambda,$$

那么

$$\| \bar{z}^k - \hat{z} \| = \left\| \frac{\delta}{2}\lambda + \langle \lambda, z^k - \hat{z} \rangle \lambda \right\| \leqslant \frac{\delta}{2} +$$

$$\| \langle \lambda, z^k - \hat{z} \rangle \| \leqslant \frac{\delta}{2} + \| z^k - \hat{z} \| < \delta,$$

故

$$\bar{z}^k \in \hat{z} + \operatorname{int} B_\delta。$$

另外，由$\langle \lambda, \bar{z}^k \rangle = \langle \lambda, \hat{z} \rangle + \frac{\delta}{2} + \langle \lambda, z^k - \hat{z} \rangle = \frac{\delta}{2} + \langle \lambda, z^k \rangle$，对$z \in \operatorname{int} \varphi(y^k)$，有

$$\begin{aligned} \| \bar{z}^k - z \| &\geqslant \| \langle \lambda, \bar{z}^k - z \rangle \| \\ &\geqslant \| \langle \lambda, \bar{z}^k \rangle - \langle \lambda, z^k \rangle + \langle \lambda, z^k \rangle - \langle \lambda, z \rangle \| \\ &= \left\| \frac{\delta}{2} + \langle \lambda, z^k - z \rangle \right\| \geqslant \frac{\delta}{2}, \end{aligned}$$

所以

$$\bar{z}^k \notin \operatorname{int} \varphi(y^k) + \operatorname{int} B_{\frac{\delta}{2}}。$$

下面用反证法，假设有无限多个$k \geqslant N$使得$z^k \notin \operatorname{int} \varphi(y^k)$，那么相应地有无限多个

$$\bar{z}^k \in \hat{z} + \operatorname{int} B_{\delta} \text{ 且} \bar{z}^k \notin \operatorname{int} \varphi(y^k) + \operatorname{int} B_{\frac{\delta}{2}}。$$

因为$\bar{z}^k$有聚点，不妨设$\bar{z}^k \to \bar{z} \in \hat{z} + B_{\delta} \subset \varphi(\hat{y})$，又因$\varphi$在$\hat{y}$处是下半连续的，故$\bar{z} \in \varphi(\hat{y})$。因此，存在$N'$和$\tilde{z}^k \in \varphi(y^k)$ $(k \geqslant N')$，使得

$$\tilde{z}^k \to \bar{z}。$$

现在，由$\tilde{z}^k \to \bar{z}$，$\bar{z}^k \to \bar{z}$知

$$\tilde{z}^k - \bar{z}^k \to 0,$$

又由$\tilde{z}^k \in \varphi(y^k)$，得到

$$\bar{z}^k \notin \operatorname{int} \varphi(y^k) + \operatorname{int} B_{\frac{\delta}{2}},$$

导致矛盾。

上半连续稳定性

设$V \subset \mathscr{L}$为非空集合，$K(v)$是R^m中受$v \in V$扰动的内部非空的尖闭凸锥，$Y \subset R^m$。记Y的$K(v)-$弱有效点集为$E_w^v(v) = E_w(Y,$

$K(v)$)，并且记点集映射

$$K^v: V \to 2^Y,\ v \mapsto K(v);\ E_w^v: V \to 2^Y,\ v \mapsto E_w^v(v)。$$

定理 4.2-1 若K^v在点$\tilde{v} \in V$处是下半连续的，则E_w^v在$\tilde{v}$处是上半连续的。

证明 考虑点列$\{v^k\} \subset V$, $v^k \to \tilde{v}$和$y^k \in E_w^v(v^k)$, $y^k \to \tilde{y}$,下面证明$\tilde{y} \in E_w^v(\tilde{v})$。

首先，因$y^k \in E_w^v(v^k) \subset Y$,由$Y$是闭集，故

$$\tilde{y} \in Y。$$

以下用反证法，假设$\tilde{y} \notin E_w^v(\tilde{v})$,那么由定义 4.2-2可知存在$y' \in Y$使得

$$\tilde{y} - y' \in \operatorname{int} K(\tilde{v})。$$

因为$y^k - y' \to \tilde{y} - y' \in \operatorname{int} K(\tilde{v})$,又据假设$K^v$在点$\tilde{v} \in V$处是下半连续的，故由引理 4.2-1知，除了有限个k之外，有

$$y^k - y' \in \operatorname{int} K(v^k)。$$

于是，对这些k, $y^k \notin E_w^v(v^k)$，这与假设$y^k \in E_w^v(v^k)$矛盾。

注 4.2-1 本定理改进了[154]中定理 4.3.1 的结果。

注 4.2-2 将引理 4.2-1 推广到一般的 Banach 空间存在着实质性的困难，因为“$z^k \in \operatorname{int} \varphi(y^k)$有聚点”这一结论在 Banach 空间中一般不成立，它需要添加紧性的限制。因此，如何将上述稳定性结果推广到一般的 Banach 空间，有待进一步的研究。事实上，在稳定性的研究中，凡涉及锥扰动的弱有效点集和弱有效解集的情况，均存在此问题。

下半连续稳定性

在稳定性理论中，一般只研究弱有效点集在上半连续意义上的稳定性。下面，我们给出弱有效点集在下半连续意义下稳定性的一个

结果。

记 $K'(v)=\operatorname{int}K(v)\cup\{0\}$，考虑 $K'^{v}: V\to P(Y), v\mapsto K'(v)$。

定理 4.2-2 设 $Y\subset\mathscr{Y}$ 为非空紧集。若 K'^{v} 在 $\tilde{v}$ 点处是上半连续的，并且在 $\tilde{v}$ 附近 $E_w^v(v)$ 关于 Y 是 K'^{v} 外稳定的，那么 $E_w^v(v)$ 在 $\tilde{v}$ 处是下半连续的。

证明 设点列，$\{v^k\}\subset V$，$v^k\to\tilde{v}$ 和 $\tilde{y}\in E_w^v(v)$，下面证明存在正整数 N 和点列 $y^k\in E_w^v(v)(k\geqslant N)$，使得 $y^k\to\tilde{y}(k\to\infty)$。

首先，因为 $\tilde{y}\in E_w^v(v)\subset Y$，又在 $\tilde{v}$ 附近 $E_w^v(v)$ 关于 Y 是 K'^{v} 外稳定的，即有

$$Y\subset E_w^v(v)+K'(v),$$

故存在正整数 N 和点列 $\{y^k\}\subset E_w^v(v)$，使得当 $k\geqslant N$ 时有

$$\tilde{y}\in y^k+K'(v^k),$$

即

$$\tilde{y}-y^k\in K'(v^k)。$$

其次，因为 $y^k\in E_w^v(v)\subset Y$，又 Y 为紧集，故 y^k 在 Y 中有聚点 $\bar{y}$，不妨设

$$y^k\to\bar{y}\in Y(k\to\infty)。$$

由于

$$v^k\to\tilde{v},\ \tilde{y}-y^k\in K'(v^k),\ \tilde{y}-y^k\to\tilde{y}-\bar{y},$$

又 K'^{v} 在 $\tilde{v}$ 点处是上半连续的，因而

$$\tilde{y}-\bar{y}\in K'(\tilde{v})=\operatorname{int}K(\tilde{v})\cup\{0\}。\qquad(4.2-1)$$

最后，由 $\tilde{y}\in E_w^v(\tilde{v})$，按定义 4.1-2 可知，不存在 $y\in Y$ 使得 $\tilde{y}-y\in\operatorname{int}K(\tilde{v})$。由(4.2-1)有 $\tilde{y}-\bar{y}=0$，即 $\tilde{y}=\bar{y}$。故存在正整数 N 和存在 $y^k\in E_w^v(v^k)(k\geqslant N)$，使得

$$y^k \to \tilde{y}(k \to \infty)。$$

于是,由定义 4.1-2, $E_w^v(v)$在$\tilde{v}$处是下半连续的。

§4.3 理想偏爱映射和理想偏爱法

本节给出一个利用理想点思想来求解群体多目标最优化的方法。

自 1980 年以来,人们开始先研究具有不同个体偏爱和同一多目标最优化模型的群体多目标最优化问题[1-3]。之后,进而研究由不同决策者提供不同多目标最优化模型的群体多目标最优化问题。对于上述两类问题,人们一般采用引入适当的效用函数,将多个目标的最优化问题转化为相应的单个目标的最优化问题,同时将多人的偏爱结集为群体的偏爱。由于这种传统的方法最终是将问题归为求解一个通常的数值最优化问题,因而一般只能得到对于该群体而言是某种意义下的一个最优解。

对于具不同多目标最优化模型的一般的群体多目标最优化问题,本节利用各决策者提供的多目标函数在供选方案集上的目标点和相应多目标最优化模型的理想点之间的距离,定义了供选方案集上的个体理想偏爱和群体理想偏爱概念。在讨论了从个体理想偏爱到群体理想偏爱的理想偏爱映射的基本性质之后,我们构造了一个对群体多目标最优化问题的所有供选方案进行群体排序的方法。

模型和理想偏爱

考虑群体多目标最优化问题

$$G-\{V-\min_{x\in X} f^1(x), \cdots, V-\min_{x\in X} f^l(x)\}, \qquad \text{(GVP)}$$

其中 $X=\{x^1, \cdots, x^s\}(s \geqslant 3)$ 是供选方案集,以及

$$V-\min_{x\in X} f^r(x),\ r=1, \cdots, l \qquad (VP)_r$$

是由第 r 个决策者 DM_r 提供的多目标最优化模型, $f^r: X \to R^{m_r}$ 是

相应的向量目标函数。设 $f^r(x)=(f_1^r(x),\cdots,f_{m_r}^r(x))(r=1,\cdots,l)$，记

$$\tilde{f}_k^r=\min_{x\in X}f_k^r(x),\ k=1,\cdots,m_r;r=1,\cdots,l,$$

则

$$\tilde{f}^r=(\tilde{f}_1^r,\cdots,\tilde{f}_{m_r}^r),\ r=1,\cdots,l$$

是多目标最优化问题$(VP)_r$的理想点。

记 $\|\cdot\|_{m_r}$ 是欧几里德空间 $R^{m_r}(r=1,\cdots,l)$ 的范数。

定义 4.3-1 设 R_r，P_r 和 $I_r(r=1,\cdots,l)$ 是集合 X 上的二元关系，$\tilde{f}^r$ 是$(VP)_r$的理想点。对任意的 x^i，$x^j\in X$，定义

(1) $x^iR_rx^j\Leftrightarrow\|f^r(x^j)-\tilde{f}^r\|_{m_r}\leqslant\|f^r(x^j)-\tilde{f}^r\|_{m_r}$，

(2) $x^iP_rx^j\Leftrightarrow\|f^r(x^j)-\tilde{f}^r\|_{m_r}<\|f^r(x^j)-\tilde{f}^r\|_{m_r}$，

(3) $x^iI_rx^j\Leftrightarrow\|f^r(x^j)-\tilde{f}^r\|_{m_r}=\|f^r(x^j)-\tilde{f}^r\|_{m_r}$，

则称 R_r，P_r 和 $I_r(r=1,\cdots,l)$ 依次是 DM_r 在 X 上的理想偏爱，严格理想偏爱和理想淡漠，并且称 R_r 和(P_r,I_r)相互生成。

定理 4.3-1 设 R_r 是 $DM_r(r=1,\cdots,l)$ 在 X 上的理想偏爱。

(1) 对任意的 x^i，x^j，$x^k\in X$，若 $x^iR_rx^j$，$x^jR_rx^k$，则 $x^iR_rx^k$。

(2) 对任意的 x^i，$x^j\in X$，有 $x^jR_rx^i$ 或 $x^iR_rx^j$，或两者成立。

证明 (1) 因为 $x^iR_rx^j$，$x^jR_rx^k$，由定义 4.3-1(1)有

$$\|f^r(x^i)-\tilde{f}^r\|_{m_r}\leqslant\|f^r(x^j)-\tilde{f}^r\|_{m_r}\text{ 和}$$

$$\|f^r(x^j)-\tilde{f}^r\|_{m_r}\leqslant\|f^r(x^k)-\tilde{f}^r\|_{m_r}。$$

因此，有 $\|f^r(x^i)-\tilde{f}^r\|_{m_r}\leqslant\|f^r(x^k)-\tilde{f}^r\|_{m_r}$，从而得到 $x^iR_rx^k$。

(2) 由定义 4.3-1(1)易知。

定义 4.3-2 设 $\lambda_r\geqslant0(r=1,\cdots,l)$，$\sum_{i=1}^{l}\lambda_i=1$，$x\in X$，并且 $\tilde{f}^r$ 是$(VP)_r$的理想点，则

$$称\ D(x)=\sum_{r=1}^{l}\lambda_r \| f^r(x)-\widetilde{f}^r \|_{m_r}$$

是G在x处的理想距离。设R, P和I是集合X上的二元关系,对任意x^i, $x^j\in X$,定义

(1) $x^iRx^j \Leftrightarrow D(x^i)\leqslant D(x^j)$,

(2) $x^iPx^j \Leftrightarrow D(x^i)< D(x^j)$,

(3) $x^iIx^j \Leftrightarrow D(x^i)= D(x^j)$,

则称R, P和I是G在X上的理想偏爱,严格理想偏爱和理想淡漠,并且称R和(P, I)相互生成。

定义 4.3-3　设$R_r(r=1, \cdots, l)$和R分别是DM_r和G在X上的理想偏爱,S是X的子集。

(1) 称$U_r(S)=\{\widetilde{x}\in S \mid \widetilde{x}R_r x,\ \forall x\in S\}(r=1, \cdots, l)$是$DM_r$在$S$上的理想最优集,称$\widetilde{x}\in U_r(S)$是$DM_r$在$S$上的理想最优解。

(2) 称$U(S)=\{\widetilde{x}\in S \mid \widetilde{x}Rx, \forall x\in S\}$是$G$在$S$上的理想最优集,称$\widetilde{x}\in U(S)$是$G$在$S$上的理想最优解。特别地,称$\widetilde{x}\in U(X)$是问题(GVP)的理想最优解。

定理 4.3-2　设集合$S\subset X$。

(1) $\bigcap_{r=1}^{l} U_r(S)\subset U(S)$。

(2) 若$\bigcap_{r=1}^{l} U_r(S)\neq \phi$,则$U(S)=\bigcap_{r=1}^{l} U_r(S)$。

证明　(1) 对任意的$\widetilde{x}\in \bigcap_{r=1}^{l} U_r(S)$,由定义 4.3-3 (1) 和定义 4.3-1(1),我们有

$$\| f^r(\widetilde{x})-\widetilde{f}^r \|_{m_r}\leqslant \| f^r(x)-\widetilde{f}^r \|_{m_r}\ \forall x\in S,\ r=1, \cdots, l。$$

根据定义 4.3-2 得

$$D(\widetilde{x})=\sum_{r=1}^{l}\lambda_r \| f^r(\widetilde{x})-\widetilde{f}^r \|_{m_r}\leqslant \sum_{r=1}^{l}\lambda_r \| f^r(x)-\widetilde{f}^r \|_{m_r}$$

$$=D(x), \forall x\in S,$$

即

$$\tilde{x}Rx \quad \forall x \in S。$$

由定义 4.3-3(2)可知 $\tilde{x} \in U(S)$。

(2) 只需再证$U(S) \subset \bigcap_{r=1}^{l} U_r(S)$。现反之假设存在某$\tilde{x} \in U(S)$而$\tilde{x} \notin \bigcap_{r=1}^{l} U_r(S)$，则由定义 4.3-3 (2) 和定义 4.3-2 (1) 我们有

$$D(\tilde{x}) \leqslant D(x) \quad \forall x \in S。\qquad (4.3-1)$$

另外，由假设我们有某$\bar{x} \in \bigcap_{r=1}^{l} U_r(S) \neq \phi$，并且$\bar{x} \neq \tilde{x}$，从定义 4.3-3(1) 和定义 4.3-1(1) 得

$$\| f^r(\bar{x}) - \tilde{f}^r \|_{m_r} \leqslant \| f^r(x) - \tilde{f}^r \|_{m_r} \ \forall x \in S, r = 1, \cdots, l。$$

特别地，对$\tilde{x} \in U(S) \subset S$，我们有

$$\| f^r(\bar{x}) - \tilde{f}^r \|_{m_r} \leqslant \| f^r(\tilde{x}) - \tilde{f}^r \|_{m_r}, r = 1, \cdots, l。\qquad (4.3-2)$$

现在，因为$\tilde{x} \notin \bigcap_{r=1}^{l} U_r(S)$，故存在$\bar{r} \in \{1, \cdots, l\}$使得$\tilde{x} \notin U_{\bar{r}}(S)$，而$\bar{x} \notin U_{\bar{r}}(S)$，$\bar{x} \neq \tilde{x}$，因而有$\bar{x}P_{\bar{r}}\tilde{x}$，由定义 4.3-1 (2)得到

$$\| f^r(\tilde{x}) - \tilde{f}^{\bar{r}} \|_{m_r} < \| f^{\bar{r}}(x) - \tilde{f}^r \|_{m_r}。$$

据此，由(4.3-2)和定义 4.3-2 我们有

$$D(\bar{x}) < D(\tilde{x}),$$

导致与(4.3-1)矛盾，定理得证。

理想偏爱映射

现在，我们引进各决策者的个体理想偏爱到群体理想偏爱的映射。

定义 4.3-4 设$R_r (r = 1, \cdots, l)$是DM_r在X上的理想偏爱，

R 是 G 在 X 上的理想偏爱，称映射 U：$\{R_1, \cdots, R_l\} \to R$ 是 X 上的理想偏爱映射，并且记 $R = U(R_1, \cdots, R_l)$。

定义 4.3-5 设 $f^r(r=1, \cdots, l)$ 是由 DM_r 提供的 $(VP)_r$ 的向量目标函数，则向量目标函数组 $\{f^1, \cdots, f^l\}$ 称为是 G 在 X 上的一个多目标截面，记作 $[f^1, \cdots, f^l]_X$。由 $f^r(r=1, \cdots, l)$ 按定义 4.3-1(1) 确定的理想偏爱组 $\{R_1, \cdots, R_l\}$ 称为是 G 在 X 上对应于 $[f^1, \cdots, f^l]_X$ 的理想偏爱截面，记作 $[R_1, \cdots, R_l]_X$。

以下是理想偏爱映射的一些基本性质。

定理 4.3-3 设 $R = U(R_1, \cdots, R_l)$。

(1) 对任意的 $x^i, x^j, x^k \in X$，若 $x^i R_r x^j$，$x^j R_r x^k$，则 $x^i R_r x^k$。

(2) 对任意的 $x^i, x^j \in X$，有 $x^j R_r x^i$ 或 $x^i R_r x^j$，或两者成立。

证明 (1) 由定义 4.3-2(1)，$x^i R x^j$ 和 $x^j R x^i$ 意味着

$$D(x^i) \leqslant D(x^j) \leqslant D(x^k),$$

从而 $x^i R_r x^k$。

(2) 从定义 4.3-2 易得。

现在，设 $[f^1, \cdots, f^l]_X$ 和 $[f^{1'}, \cdots, f^{l'}]_X$ 是 G 在 X 上的两个多目标截面，$[R_1, \cdots, R_l]_X$ 和 $[R_1', \cdots, R_l']_X$ 是 G 在 X 上分别对应于 $[f^1, \cdots, f^l]_X$ 和 $[f^{1'}, \cdots, f^{l'}]_X$ 的理想偏爱截面。

定理 4.3-4 设 $R = U(R_1, \cdots, R_l)$，$R' = U(R_1', \cdots, R_l')$，$S \subset X$，记

$$U_r'(S) = \{\tilde{x} \in S \mid \tilde{x} R_r' x, \forall x \in S\} (r=1, \cdots, l),$$

$$U'(S) = \{\tilde{x} \in S \mid \tilde{x} R' x, \forall x \in S\}。$$

若 $U_r(S) = U_r'(S), (r=1, \cdots, l)$，则 $U(S) = U'(S)$。

证明 对任意的 $\tilde{x} \in S$，因为 $U_r(S) = U_r'(S) (r=1, \cdots, l)$，故由定义 4.3-3(1)有

$$\tilde{x} R_r x \Leftrightarrow \tilde{x} R_r' x \quad \forall x \in S, r=1, \cdots, l。$$

根据定义 4.3－1(1)，我们有

$$\| f^r(\tilde{x}) - \tilde{f}^r \|_{m_r} \leqslant \| f^r(x) - \tilde{f}^r \|_{m_r}$$

$$\Leftrightarrow \| f^{r'}(\tilde{x}) - \tilde{f}^{r'} \|_{m_r} \leqslant \| f^{r'}(x) - \tilde{f}^{r'} \|_{m_r}$$

$$\forall x \in S,\ r = 1,\ \cdots,\ l,$$

因此

$$D(\tilde{x}) = \sum_{r=1}^{l} \lambda_r \| f^r(\tilde{x}) - \tilde{f}^r \|_{m_r}$$

$$\leqslant \sum_{r=1}^{l} \lambda_r \| f^r(x) - \tilde{f}^r \|_{m_r} = D(x)$$

$$\Leftrightarrow D'(\tilde{x}) = \sum_{r=1}^{l} \lambda_r \| f^{r'}(\tilde{x}) - \tilde{f}^{r'} \|_{m_r}$$

$$\leqslant \sum_{r=1}^{l} \lambda_r \| f^{r'}(x) - \tilde{f}^{r'} \|_{m_r} = D'(x) \quad \forall x \in S。$$

于是，由定义 4.3－2(1) 我们有$\tilde{x}Rx \Leftrightarrow \tilde{x}R'x(\forall x \in S)$，从而$U(S) = U'(S)$。

定理 4.3－5 对任意的$x^i,\ x^j \in X(i,\ j = 1,\ \cdots,\ s)$，存在$G$在$X$上的多目标截面$[\bar{f}^1,\ \cdots,\ \bar{f}^l]_X$，使得由对应的理想偏爱截面$[\bar{R}_1,\ \cdots,\ \bar{R}_l]_X$产生的$\bar{R} = U(\bar{R}_1,\ \cdots,\bar{R}_l)$满足$x^i\ \bar{P} x^j$，其中$\bar{P}$由$\bar{R}$生成。

证明 对任意的$x^i,\ x^j \in X$，我们选取$[\bar{f}^1,\ \cdots,\bar{f}^l]_X$使得

$$\| \bar{f}^r(x^i) - \tilde{\bar{f}}^r \|_{m_r} \leqslant \| \bar{f}^r(x^j) - \tilde{\bar{f}}^r \|_{m_r},$$

$$r = 1,\ \cdots,\ l; \text{并且其中至少有一个为“}<\text{”},$$

则有

$$\bar{D}(x^i) = \sum_{r=1}^{l} \lambda_r \left\| \bar{f}^r(\tilde{x}) - \tilde{\bar{f}}^r \right\|_{m_r} < \sum_{r=1}^{l} \lambda_r \left\| \bar{f}^r(x) - \tilde{\bar{f}}^r \right\|_{m_r} = \bar{D}(x^j)。$$

因此,根据定义 4.3-2(2)得到 $x^i \bar{P} x^j$。

定理 4.3-6 设 $R=U(R_1, \cdots, R_l)$, $P_r(r=1, \cdots, l)$ 和 P 分别由 R_r 和 R 生成,则不存在 $t \in \{1, 2, \cdots, l\}$,使得当 $\lambda_t \leqslant \sum_{r \neq t} \lambda_r$ 时有

$$x^i P_t x^j \Rightarrow x^i P x^j \quad \forall x^i, x^j \in X$$

证明 对任意的 $x^i, x^j \in X$,等价地我们证明:存在一组 $f^r(r=1, \cdots, l, r \neq t)$,使得由对应于$[f^1, \cdots, f^t, \cdots, f^l]_X$ 的$[R_1, \cdots, R_t, \cdots, R_l]_X$ 产生 $R=U(R_1, \cdots, R_l)$,有 $x^j P x^i$。

事实上,由定义 4.3-1(2),$x^i P x^j$ 意即

$$\| f^t(\tilde{x}^i) - \tilde{f}^t \|_{m_r} < \| f^t(x^j) - \tilde{f}^t \|_{m_r}。 \quad (4.3-3)$$

现在选择 $f^r(r=1, \cdots, l, r \neq t)$ 使

$$\begin{aligned} & \| f^r(x^t) - \tilde{f}^r \|_{m_r} - \| f^r(x^j) - \tilde{f}^r \|_{m_r} \\ & = \| f^t(x^j) - \tilde{f}^t \|_{m_r} - \| f^t(x^i) - \tilde{f}^r \|_{m_r} > 0, \end{aligned}$$

因为 $\lambda_t \leqslant \sum_{r \neq t} \lambda_r$,并且(4.3-3)成立,我们有

$$\begin{aligned} D(x^i) - D(x^j) &= \sum_{r=1}^{l} \lambda_r \| f^r(x^i) - \tilde{f}^r \|_{m_r} - \sum_{r=1}^{l} \lambda_r \| f^r(x^j) - \tilde{f}^r \|_{m_r} \\ &= \sum_{r=1}^{l} \lambda_r [\| f^r(x^i) - \tilde{f}^r \|_{m_r} - \| f^r(x^j) - \tilde{f}^r \|_{m_r}] + \\ &\quad \lambda_t [\| f^t(x^i) - \tilde{f}^t \|_{m_t} - \| f^t(x^j) - \tilde{f}^t \|_{m_t}] \\ &= \sum_{r=1}^{l} \lambda_r [\| f^t(x^j) - \tilde{f}^t \|_{m_t} - \| f^t(x^j) - \tilde{f}^t \|_{m_t}] + \\ &\quad \lambda_t [\| f^t(x^j) - \tilde{f}^t \|_{m_t} - \| f^t(x^i) - \tilde{f}^t \|_{m_t}] \\ &= \left(\sum_{r \neq l} \lambda_r - \lambda_t \right) [\| f^t(x^j) - \tilde{f}^t \|_{m_t} - \| f^t(x^i) - \tilde{f}^t \|_{m_r}] \\ &\geqslant 0。 \end{aligned}$$

从定义 4.3－2(1)，即得 x^iPx^j

从上面的定理 4.3－3 至定理 4.3－6，我们知道理想偏爱映射 U：$\{R_1, \cdots, R_l\} \to R$ 满足相当于 Arrow 公理中除一致性公理以外的所有性质。定理 4.3-6 中的条件 $\lambda_t \leqslant \sum_{r \neq t} \lambda_r$ 表示决策者 DM_t 的权重不能超过其他决策者权重之和，否则，DM_t 将有可能成为独裁者。

理想偏爱法

由于理想偏爱映射具有合理的群体决策的主要性质，我们利用它给出一个对群体多目标最优化问题(GVP)的所有供选方案进行偏爱排序的方法。其步骤如下：

1. 计算目标点。对由 $DM_r(r=1, \cdots, l)$ 提供的 $(VP)_r$，计算所有供选方案 $x' \in X(i=1, \cdots, s)$ 处的各目标值 $f_k^r(x^i)(k=1, \cdots, m_r; r=1, \cdots, l)$，得到对应的目标点

$$f^r(x^i) = (f_1^r(x^i), \cdots, f_{m_r}^r(x^i))^T, r=1, \cdots, l。$$

2. 求理想点。求每一目标的理想(最优)值

$$\widetilde{f}_k^r = \min_{x \in X} f_k^r(x), k=1, \cdots, m_r; r=1, \cdots, l,$$

得到各 $(VP)_r$ 的理想点 $\widetilde{f}^r = (\widetilde{f}_1^r, \cdots, \widetilde{f}_{m_r}^r)$，$(r=1, \cdots, l)$。

3. 计算理想距离。对每一 $DM_r(r=1, \cdots, l)$ 确定权系数 $\lambda_t \geqslant 0$，$\sum_{r=1}^{l} \lambda_r = 1$，并且对任意的 $t \in \{1, 2, \cdots, l\}$，$\lambda_t \leqslant \sum_{r \neq t} \lambda_r$，对 R^{m_r} 中的某范数 $\| \cdot \|_{m_r}$ 计算 G 在 x^i 处的理想距离：

$$D(x^i) = \sum_{r=1}^{l} \lambda_r \| f^r(\widetilde{x}) - \widetilde{f}^r \|_{m_r}, i=1, \cdots, s。$$

4. 理想偏爱排序。对于 $\widetilde{x}^i \in X(i=1, \cdots, s)$，若

$$D(\widetilde{x}^i) \leqslant D(\widetilde{x}^{i+1}), i=1, \cdots, s-1,$$

则得供选方案的理想偏爱排序：$\tilde{x}^1 R \tilde{x}^2 R \cdots R \tilde{x}^s$。

定理 4.3－7 设$[f^1, \cdots, f^l]_X$是G在X上的一个多目标截面，$[R_1, \cdots, R_l]_X$是对应的理想偏爱截面，$R = U(R_1, \cdots, R_l)$，并且P由R生成。

(1) 对$x^i, x^j \in X$，若$D(x^i) \leqslant D(x^j)$，则$x^i R x^j$。

(2) 对$x^i, x^j \in X$，若$D(x^i) < D(x^j)$，则$x^i P x^j$。

(3) 对$\tilde{x} \in X$，若$D(\tilde{x}) \leqslant D(x)(\forall x \in X)$，则$\tilde{x} \in U(X)$。

证明 (1)从定义 4.3－2(1)即得。

(2) 从定义 4.3－2(2)可得。

(3) 因为

$$D(\tilde{x}) \leqslant D(x) \quad \forall x \in X。$$

由定义 4.3－2(1)我们有

$$\tilde{x} R x \quad \forall x \in X。$$

从$\tilde{x} \in X$和定义 4.3－3(2) 得$\tilde{x} \in U(X)$。

由这一定理我们知道，对于群体多目标最优化问题(GVP)，根据理想偏爱法，可以按其理想距离对所有供选方案作出群体偏爱排序。特别是，由此法得到的$\tilde{x}^1$即是(GVP)的理想最优解。

案例分析

设$G = \{DM_1, DM_2, DM_3\}$是决策者集合，现在我们考虑群体多目标最优化问题

$$G-\{V-\min_{x \in X} f^1(x), V-\min_{x \in X} f^2(x), V-\min_{x \in X} f^3(x)\}, \quad (4.3-4)$$

其中$X = \{x^1 = 2, x^2 = 1, x^3 = 3\}$，而 3 个决策者的向量目标函数是

$$f^1(x) = (2x, 1-x, x^2)^T, \; f^2(x) = (x, 2x-1)^T,$$

$$f^3(x) = (-x, x+1, 1-x^2)^T。$$

我们按理想距离对供选方案作出群体偏爱排序，方法如下：

1. 计算目标点。显然有

$$f^1(x^1)=(4,-1,4)^T,\ f^2(x^1)=(2,3)^T,$$

$$f^3(x^1)=(-2,3,-3)^T,f^1(x^2)=(2,0,1)^T,$$

$$f^2(x^2)=(1,1)^T,$$

$$f^3(x^2)=(-1,2,0)^T,f^1(x^3)=(6,-2,9)^T,$$

$$f^2(x^3)=(3,5)^T,\ f^3(x^3)=(-3,4,-8)^T。$$

2. 求理想点。从上面我们得到每个理想(最优)值：

$$\tilde{f}^1=(2,-2,1)^T,\tilde{f}^2=(1,1)^T,\tilde{f}^3=(-3,2,-8)^T。$$

3. 计算理想距离。对每一 $DM_r(r=1,2,3)$ 确定权系数 $\lambda_r=1/3$，对 R^3 中的范数 $\|y\|_3=\sqrt{y_1^2+y_2^2+y_3^2}$，可以得到 G 在 $x^i(i=1,2,3)$ 处的理想距离是

$$D(x^1)=\frac{1}{3}[\sqrt{14}+\sqrt{5}+\sqrt{27}]=3.724\,7,$$

$$D(x^2)=\frac{1}{3}[\sqrt{4}+0+\sqrt{68}]=3.415\,4,$$

$$D(x^3)=\frac{1}{3}[\sqrt{16}+\sqrt{20}+\sqrt{4}]=3.724\,7。$$

4. 理想偏爱排序。由于 $D(x^2)<D(x^3)<D(x^1)$，得到理想偏爱排序是 $x^2Rx^3Rx^1$（事实上是 $x^2Px^3Px^1$）。

第五章　最优化方法在大气传播中的应用

本章分为两节,分别讨论最优化方法在无线电信号大气传播的正演问题(大气折射)和反演问题(GPS 掩星技术)研究中的应用。第一节结合具有代表性的探空气球站观测资料,对用标准大气模型建立的映射函数与探空气球资料路径积分的结果进行比较,研究了用标准大气模型建立映射函数的可靠性,并简单讨论映射函数中地球物理参数优化选择的若干问题[167]。第二节以欧洲中尺度天气预报分析(ECMWF)资料为背景场,德国 CHAMP 卫星掩星观测得到的折射率剖面为观测值,采用 Levenberg-Marquardt 优化方法实行 GPS 掩星资料一维变分同化,并用相应的探空气球资料来检验 CHAMP 掩星资料变分同化结果。

§5.1　标准大气模型建立映射函数的可靠性讨论

随着新空间技术观测精度的不断提高,大气传播误差的研究已经成为改进观测精度的主要途径之一。为了提高大气延迟改正映射函数的计算精度,在大气剖面的选取上,近年来已经开始从过去的模型大气[162,175,164],逐渐地向实测大气[176,177,178]转变。本节结合具有代表性的探空气球站观测资料,对用标准大气模型建立的映射函数与探空气球资料路径积分的结果进行比较,研究了用标准大气模型建立映射函数的可靠性;并讨论映射函数中地球物理参数优化选择的若干问题[167]。

标准大气模型

大气折射延迟是现代空间测量技术,例如 the Global Positioning

System (GPS), Very Long Baseline Interferometry (VLBI) 和 Satellite Laser Ranging(SLR)等的主要误差来源之一。如何提高大气折射延迟的计算精度对今天的方位天文、卫星大地测量和空间测量来说都是一个非常关键的任务,它在处理低高度角观测资料时尤为重要。

大气折射延迟改正 $\Delta\delta$ 可以写成接收机和信号源之间的光学距离 δ 与几何距离之差 X:

$$\Delta\delta = \delta - X = \int_L n \mathrm{d}L - \int_X \mathrm{d}X, \qquad (5.1-1)$$

其中 L 是接收机和信号源之间的信号路径曲线,X 是连接接收机和信号源的几何直线,n 是大气介质折射指数(refractive index)。综观它的发展历史,大气折射大致可以分成两个主要的研究方向:大气折射数学表示的讨论和地球大气剖面的应用。

20 世纪 70 年代初,替代传统的被积函数级数展开法,Marini (1972)[162]首先在形式上把大气折射延迟方程(5.1-1)写成天顶延迟 $\Delta\delta_z$ 与映射函数 $m(\varepsilon)$ 的乘积:

$$\Delta\delta = \Delta\delta_z \cdot m(\varepsilon), \qquad (5.1-2)$$

其中 ε 是观测目标的高度角(或天顶距);Marini(1972)[162]还给出了一个经验性的连分式映射函数。以后,Davis (1985)[175], Herring (1992)[176], Yan 和 Ping(1995)[164]和 Niell(1996)[177]等人相继对大气折射延迟映射函数的结构进行了讨论。其中 Yan & Ping(1995)[164]首次用母函数方法,对球对称大气在数学上给出方程(5.1-1)的近似解析解,并且对从余误差函数推出的改进连分式形式的映射函数,利用标准大气模型给出一组展开系数[166]。Yan(1996)[183]还证明:天文大气折射也可以用映射函数的形式来表示;与目前使用的级数展开的改正公式相比较,可以达到大约一个数量级的计算精度改进[179]。Yan 和 Wang(1999)[180]又给出了光学波段上的大气折射延迟的改正公式,并讨论了若干个与映射函数相关的改正项。

每一个映射函数的模型都是建立在一个相应的大气剖面假设上；它可能适用于局部或全球的大气范围。地球大气层的密度和成分是季节、气候、地理位置、地貌等地球物理参数的复杂时变函数。作为实测方法，可以通过探空气球等观测手段获得大气剖面的结构和变化。另一方面，通过大量地球大气的观测结果，也可以给出一些用于大气折射研究较为简单的大气平均模型，例如 Hopfield 模型[165]和美国的标准大气模型[166]。在数学上，不仅存在着如何精确表示地球大气四维变化的困难，而且也无法对复杂大气模型建立相应的映射函数的数学表示。因此，即使利用充分多的探空气球资料，要建立一个高精度的“全球”大气延迟映射函数，在理论上和技术上都还存在着很大的困难[163]。标准大气模型具有数学上的简单性，它简洁地表征了低层地球大气的平均结构，具有相当的可靠性。本节中，我们将利用两个典型地区的探空气球观测资料，分析利用标准大气建立映射函数的可能性问题；同时根据最优化理论，讨论映射函数表示式中参数的选择问题。

由于地球大气物理性质的不同，大气折射延迟改正可以分成低层的中性层大气延迟和高层的电离层大气延迟两部分；其中电离层大气延迟往往可以通过双频观测进行修正，本节主要讨论中性层大气延迟改正。中性层大气主要是指从地面到 8～18 km 高度上对流层顶的对流层，和从对流层顶到 50～70 km 左右的平流层。它们不仅包含了 99.9％以上的地球大气质量，主宰了中性大气延迟改正；而且在低对流层中包含了大气含量中的绝大多数水汽，它们是影响地球气候变化的主要因素之一，同时也对中性大气延迟产生很大的影响。在最接近地面的对流层中，温度随高度上升而降低。通常条件下，对流层气温 T 随高度 h 的递减率 $\beta=-\frac{\partial T}{\partial h}$ 可以表示成一个常数。对流层顶的高度随纬度和季节而变化，赤道附近约 17～18 km，中纬度平均 10～12 km，高纬度地区平均 8～9 km。夏季厚度大于冬季。低纬地区对流层顶的温度约为 190 K，而高纬地区约为 220 K。

美国的标准大气模型[166]是把地球大气分成三层：第一层是从地面到对流层顶的对流层，对流层内大气温度平均下降率为常数 $\beta=6.5/\text{km}$左右，对流层顶高度在 11 公里左右；第二层是对流层顶到 70 km左右的平流层，其中大气温度假设成常数；第三层是 70 km 以外是电离层。

探空气球和标准大气模型下的映射函数

在 Marini(1972)[162]常参数连分式映射函数中，使用的是等温假设下的指数大气模型。首次利用标准大气模型进行大气折射研究的做法，可以追溯到 Saastamoinen(1973)[161]的工作；他把该大气模型应用于大气折射（大气延迟和天文大气折射）积分的级数展开法之中。以后，Davis(1985)[175]在标准大气模型的基础上发展了 CfA2.2 大气延迟模型。Yan 和 Ping(1995)[164]的 UNSW931 映射函数模型，以及他们的后续工作[183,180]也均是建立在这个大气模型之上。VLBI 基线重复率实验[181]和 PRARE 技术的解算结果[182]均证实了用标准大气建立的映射函数的可靠性。

考虑到测站附近真实大气与标准大气模型之间可能存在的偏离，Herring(1992)[176]利用 10 个北美的探空气球站的观测资料，建立了第一个实测大气的映射函数 MTT；Niell(1996)[177]进一步利用 26 个全球分布的探空气球站结果，建立了 NMF 大气延迟映射函数；最近，Mendes(2002)[178]更是利用数量上多达 180 个、时间跨度为两年的全球分布探空气球站资料，建立了在光学波段上的大气延迟映射函数。从大量的探空气球观测中，我们能够消除标准大气模型与真实大气的平均偏离，以及削弱个别站点或地区的大气特殊结构影响（必须结合映射函数参数表示的改进，如 NMF 模型的表列形式[177]）。但是，大规模探空气球资料的引入产生了一个新问题：这种映射函数的数学表示式中，也无法精确地反映每个测站的大气个别特性。分析标准大气与真实大气映射函数之间的偏离，可能为今后建立新的映射函数提供依据。

以下将通过两个具有典型气候特性地区的探空气球观测，利用射线跟踪法[184]，比较局部大气与标准大气映射函数之间的偏离，从而检验标准大气模型在映射函数研究中的可靠性。在本节的工作中，我们根据全球大气的平均模型结合真实大气的资料，选取标准大气模型的若干参数(主要是对流层温度平均下降率和对流层顶高度)为主要研究参数，进行模拟计算。

第一个探空气球站 West Palm Beach, Florida(站号 72203)处于中、低纬度带，该地区的地球大气对流层结构与标准大气模型的偏离较小(参见图 5.1-1)。我们分析统计了该台站 1990 年 2 月份的探空气球观测资料；得到该站的对流层温度下降率平均为 6.22℃/km，对流层顶高度平均为 17.3 公里，对流层顶温度平均为−78.4℃，地面温度平均为 20.7℃，地面压强平均为 1 018.2 hPa，地面相对湿度平均为 0.68。图 5.1-1给出 1990 年 2 月 10 日～2 月 28 日该站 29 次探空气球的温度观测，在图 5.1-2 给出其中 4 次探空气球的温度观测采样个例；其中横坐标是摄氏温度，纵坐标是高度(km)。从图5.1-1和图 5.1-2 中可以

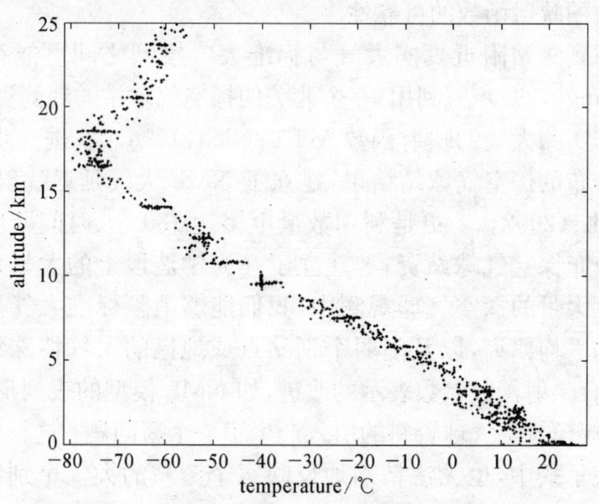

图 5.1-1　探空气球温度观测资料(West Palm Beach, Florida, 72203, 90/02/10～90/02/28)

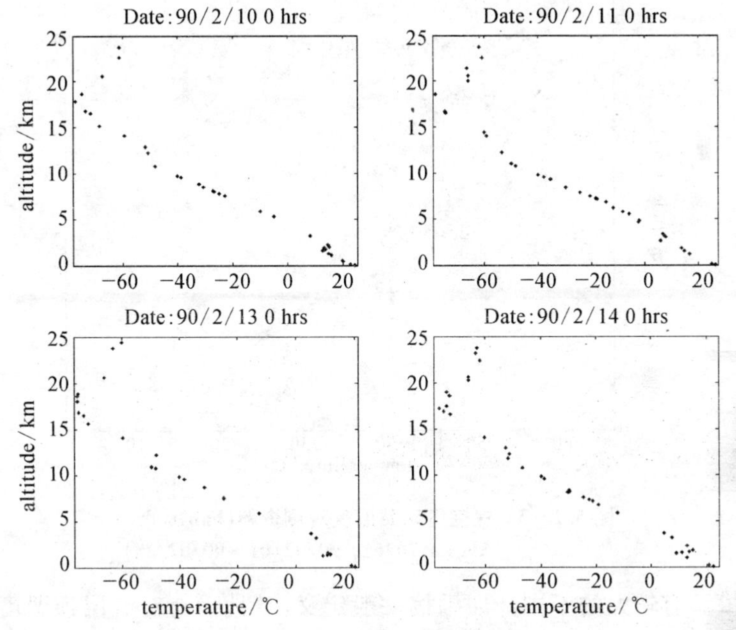

图 5.1-2　4 次探空气球温度观测采样个例

(West Palm Beach, Florida, 72203)

看到：在对流层顶以下的大气中，它们较好地符合标准大气模型的常数温度下降率假设，而且每个观测采样与平均值的偏离相对较小。

第二个探空气球站 Fairbanks，Alaska(站号 70261)处于高寒纬度地带。图 5.1-3 给出 1990 年 2 月 1 日～2 月 28 日期间该站 39 次探空气球的温度观测；图 5.1-4 给出其中 4 个探空气球的温度观测的采样个例。我们得到：对流层顶高度平均为 8.6 km，对流层顶温度平均为－56.3℃，地面温度平均为－32.2℃，地面压强平均为 1 023.6 hPa，地面相对湿度平均为 0.66。从图 5.1-3 和图 5.1-4 可以看出：该地区上空对流层底层的温度变化趋势，首先是随高度上升呈近似线性升高，在 1.4 km 高度左右到达一个温度折转点(极大值)，然后又随高度上升呈近似线性下降；这种对流层结构与标准大

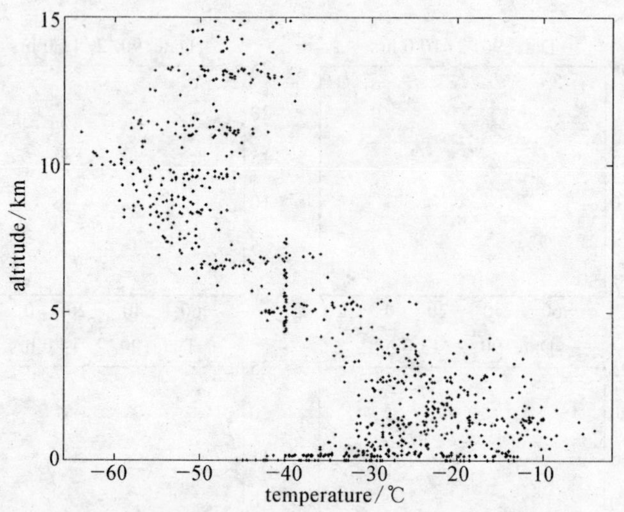

图 5.1 - 3　探空气球站温度观测资料(Fairbanks, Alaska, 70261, 90/02/01～90/02/28)

气模型有较大的不同。如果按一般定义，从地面与对流层顶温度之差与高度之比得到对流层温度下降率大约为 3.75℃/km，它显然不符合实际情况；如果从 1.4 km 左右的温度折转点起算，得到的对流层温度下降率平均为 5.87 ℃/km。从图 5.1 - 3 可以看到，虽然每一个采样个例都具有类似的温度变化趋势，但是它们同平均值有较大的弥撒度。

在标准大气模型的对比计算中，我们采用了一个从大气折射母函数方法求得的改进连分式形式的映射函数形式[164]：

$$m(\varepsilon) = \cfrac{1}{\sin\varepsilon + \cfrac{a_1}{I^2\csc\varepsilon + \cfrac{a_2}{\sin\varepsilon + \cfrac{a_3}{I^2\csc\varepsilon + a_4}}}}, \quad (5.1-3)$$

其中 ε 是观测真高度角，I 定义为正规化等效天顶距变量[164]：

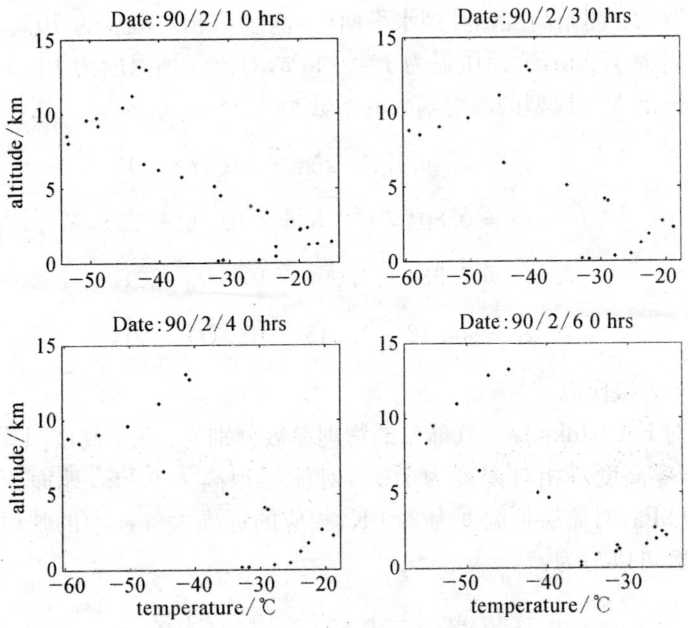

图 5.1-4 探空气球温度观测采样个例
(Fairbanks, Alaska,70261)

$$I = \sqrt{\frac{2r_0}{H}} \cot \xi_0,$$

其中 r_0 是地球半径，ξ_0 是观测目标的真天顶距，H 是大气层的等效高度，它与大气的折射率(refractivity) N 有如下关系：

$$H = \frac{1}{N_0} \int_{h_0}^{\infty} N(h) \mathrm{d}h。$$

方程(5.1-3)中的参数 a_i 可以表示为测站位置、地面温度等地球物理参数的函数。本节暂时不考虑映射函数的测站高度改正项。对一个高度为米级的固定台站，映射函数的系数中主要考虑的是温度相关改正项。计算过程中，对 West Palm Beach 站的其他物理参数分别取为：测站高度归算到水平面(零高度)，相对湿度为 70%，对流层顶高为 17 km，地面压强为 1 020 hPa，对流层顶温度为 190 K。相应的标准大气模型的映射函数的系数为：

$$\begin{aligned} a_1 &= 0.4621 - 7.64 \times 10^{-4}(t-20), \\ a_2 &= 0.8047 - 2.536 \times 10^{-3}(t-20), \\ a_3 &= 2.334 - 1.006 \times 10^{-2}(t-20), \\ a_4 &= 44.12 - 1.745 \times 10^{-1}(t-20), \end{aligned} \tag{5.1-4}$$

其中 t 为摄氏温度。

对 Fairbanks 探空气球站的物理参数分别为：测站高度归算到水平面(零高度)，相对湿度为 70%，对流层顶高为 9 km，地面压强为 1 020 hPa，对流层顶温度为 220 K，相应的标准大气模型的映射函数的系数可以写为：

$$\begin{aligned} a_1 &= 0.5044 - 1.282 \times 10^{-3}(t+30), \\ a_2 &= 0.952 - 3.578 \times 10^{-3}(t+30), \\ a_3 &= 3.045 - 1.395 \times 10^{-2}(t+30), \\ a_4 &= 56.83 - 2.564 \times 10^{-1}(t+30)。 \end{aligned} \tag{5.1-5}$$

在上述计算中，其他地球物理参数分别取为：大气平均分子质量 $M_0=28.970$ kg/kmol，气体普适参数 $R=8\,314.34$ J/kmol/K，重力加速度 $g=978.40$ cm/s^2。

计算结果和比较

把 72203 和 70261 两个探空气球站观测资料的大气折射延迟数值积分的结果，分别与相应气象条件下标准大气得到的两个映射函数方程(5.1-4)和(5.1-5)进行比较，结果综合在表 5.1-1 中。图 5.1-5 和图 5.1-6 分别给出它们个别采样的比对结果，其他观测采

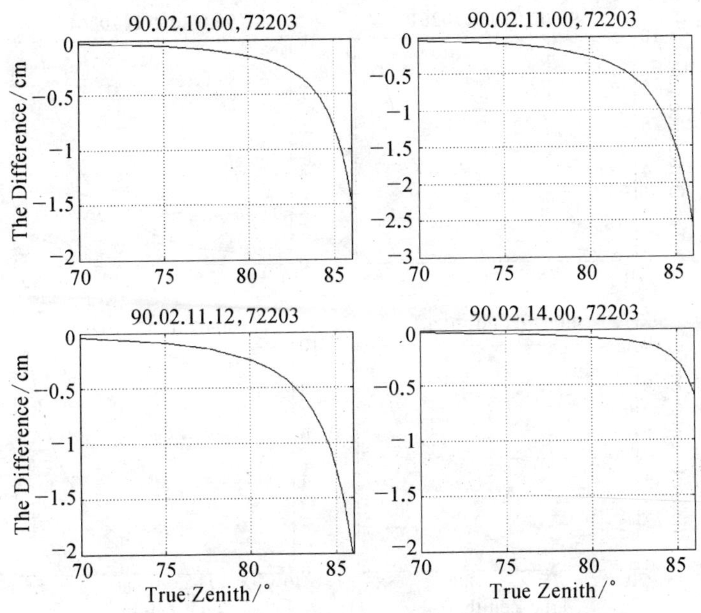

图 5.1-5　映射函数与探空气球观测资料的比较
(West Palm Beach, Florida,72203)

样均有类似的结果。从图 5.1-5 和图 5.1-6 中可以看出：72203 台站探空气球资料数值积分与相应理论映射函数方程(5.1-4)的偏离相当小;而 70261 台站的比较结果则呈现较大的偏离。表 5.1-1 的统计结果给出：在仰角分别为 15°、10°和 6°时,72203 台站探空气球数值积分与相应理论映射函数的标准差(rms)分别为 0.041 4 cm、0.301 cm和 0.940 cm,而 70261 台站的 rms 对比结果则分别达到 0.361 cm、2.43 cm 和 7.36 cm。两者的偏差几乎相差了一个量级。其主要的原因可以解释为：在通常气候条件下的 72203 站的真实大气剖面与标准大气模型的偏离,在大气折射映射函数的计算中并不显著。而处于高寒地区的 70261 站的大气剖面与标准大气模型有较大的偏离,尤其在地面到 1.4 km 的高度上存在一个反常的温度上升区,因而两者的映射函数也存在较为显著的差别。在图 5.1-7 中,我

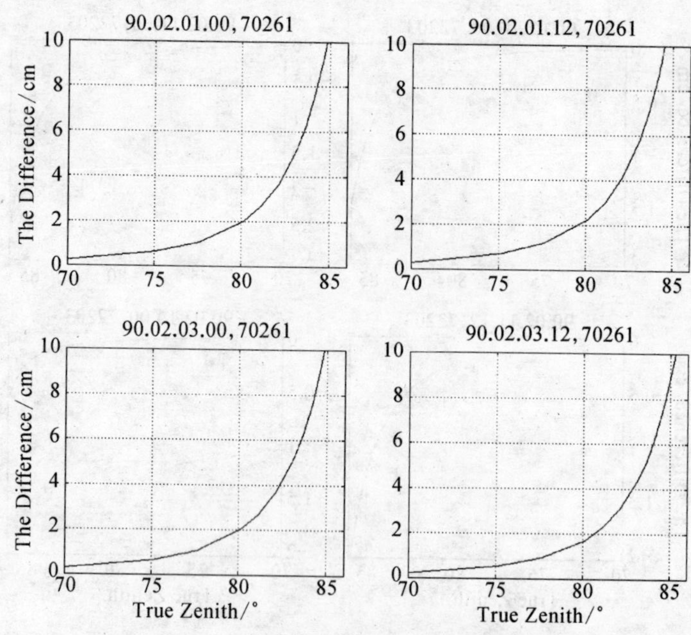

图 5.1-6　映射函数与探空气球观测资料的比较
(Fairbanks, Alaska, 70261)

们给出用标准大气模型得到的映射函数的系数和用探空气球资料得到的映射函数的系数 $a_i(i=1, 2, 3, 4)$ 的比较。可以看出 72203 台站用标准大气模型得到的映射函数的系数，比 70261 台站更好地符合用探空气球资料得到的映射函数系数(在映射函数中 a_1 的影响最大)。

表 5.1-1　映射函数的精度计较

高度角	台　站	Rms/cm	高度角	台　站	Rms/cm
15°	72203	0.0414	6°	72203	0.940
	70261	0.361		70261	7.36
10°	72203	0.301			
	70261	2.43			

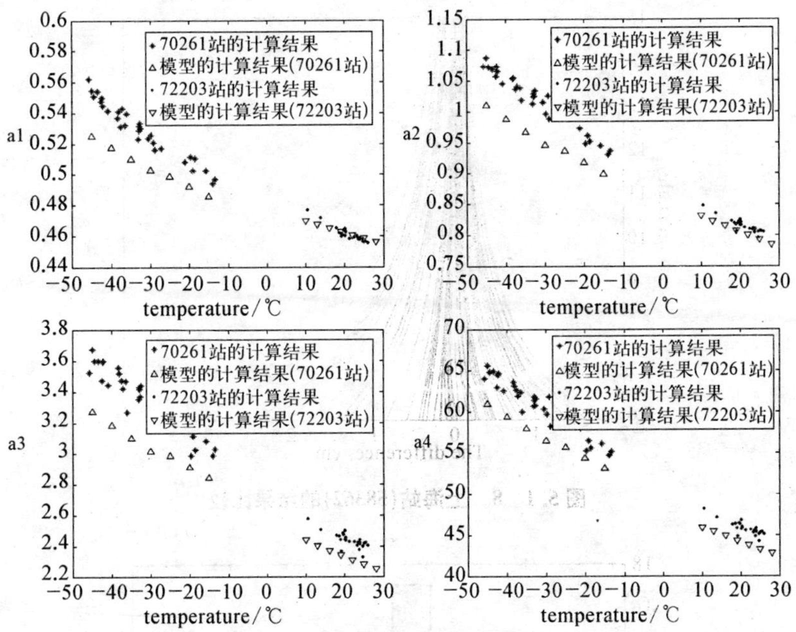

图 5.1-7 映射函数系数的比较

为了进一步验证我们的想法，把上海探空气球站(站号 58362，31.40 N，121.47 E，8 m)2002 年 1 月份的全部资料(62 组)也进行了归算。标准大气假设与探空气球的偏差结果如图 5.1-8 所示。在这个观测时间段中，地面温度在−1℃～18℃之间(参见图 5.1-9)。在仰角分别为 15°、10°和 6°时，探空气球数值积分与相应理论映射函数的标准差(rms)分别为 0.089 3 cm、0.289 cm 和 1.15 cm。由于此台站上空大气分布与标准大气的偏离不是很大，其结果也符合我们的想法。

映射函数中地球物理参数的选择

自从 Davis 等(1985)[175]在 CfA2.2 映射函数的模型中引入了地球物理参数以后，后续的映射函数模型中都包含了若干地球物理参数(或测站和观测历元的信息)。如何适当地选择映射函数中的地球

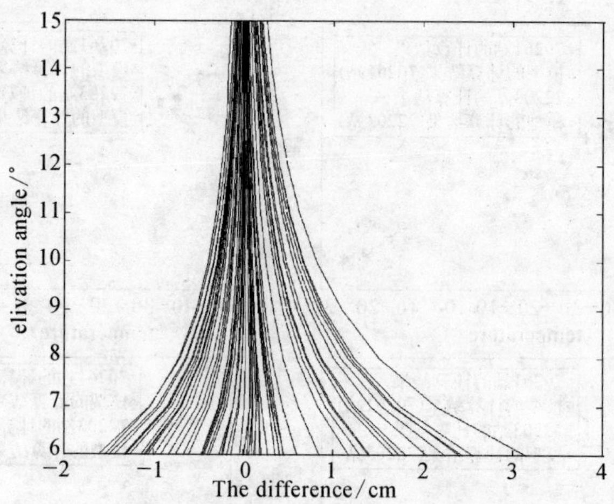

图 5.1-8　上海站(58362)的结果比较

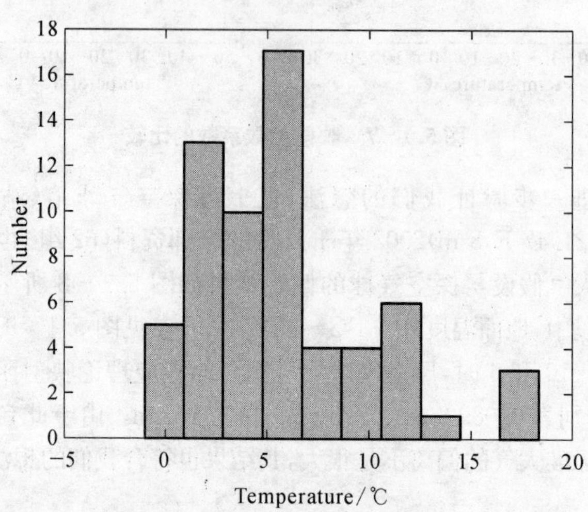

图 5.1-9　上海站地面温度分布

物理参数，使映射函数更为简洁、有效，是大气折射研究中一个值得考虑的问题之一。从模拟计算的结果发现：测站温度的变化对映射函数比较大，因此在 MTT[176] 模型中保留温度改正项；在 NMF[177] 模型中所使用的测站纬度和年首日数(DOY)改正也是主要用来代替温度改正项的,不过他使用了较为确当的表列形式的映射函数参数。在地球表面的水平面上,压强的变化一般不会大于 20 hPa。在图5.1-10中,我们分别给出地面压强在 1 030 hPa,1 025 hPa,1 015 hPa,1 010 hPa与地面压强 1 020 hPa 所产生的大气延迟的偏离(已经归算到视向延迟,天顶延迟取为 2.3 m)。从结果可以看出:地面压强变化对其映射函数的影响较小,当仰角分别为 15°,10°和 4°,地面大气压偏离为10 hPa 时,大气延迟的最大偏差分别为 0.13 mm,0.41 mm和 3.82 mm。因此我们认为:在映射函数的系数中可以忽略地面压强项改正。(必须指出:以上分析中没有包含台站高度的变化。)

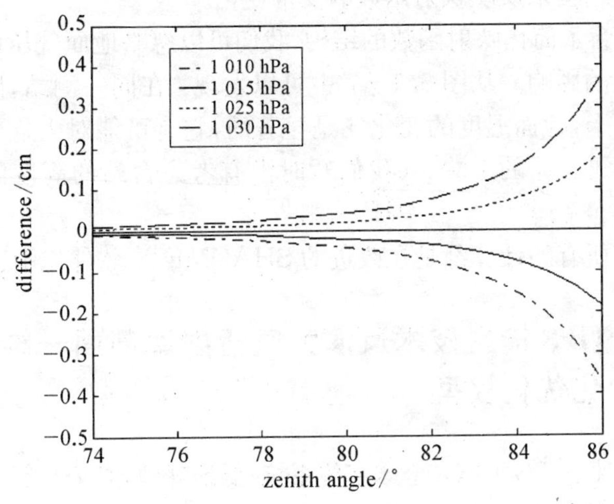

图 5.1-10 地面压强变化对映射函数的影响

讨论

作为本节的讨论,提出如下几点:

(1) 标准大气模型是全球中性大气层的一个平均简化,具有简洁性和广泛性等优点。在通常的气候条件下,根据全球平均大气的模型，结合局部大气观测资料，我们合理地设置若干地球物理参数（主要是对流层顶高度和温度），就能较好地描述测站上空的大气剖面；它与真实大气剖面大气延迟之差并不显著。

（2）在高寒地区，对流层的结构明显不同于标准大气模型，它在约 1.4 km 以下有一个温度反常变化区。即使考虑对流层顶的参数调整，标准大气模型在此地区建立的映射函数与真实大气延迟还有较为显著的偏离。我们认为：这也是 Yan 等（2002）[163]一文的对比计算结果（图 5.1－3）中，UNSW931 模型具有较大偏离的另一个主要原因。

（3）对一些对流层结构变化异常的地区，如高寒地区，我们只能用实测大气剖面建立局部地区映射函数；或者使用类似 NMF 模型的表列参数结构来反映映射函数的反常变化。

（4）为了简化映射函数的结构，我们可以忽略地面气压的变化对映射函数的影响。从图 5.1－7 中可以发现：在同一测站，同一个月的时间段上，地面温度的变化还是显著的，它有可能对大气延迟的结果产生不可忽略的影响。（我们暂时没有考虑台站的高度的映射函数的影响。）

本节所有的计算都是在改进的 SHAOMF[184]软件包中进行。

§5.2 GPS 掩星技术反演大气折射率剖面一维变分同化优化模型

近年来，GPS/LEO（全球定位系统/低地球轨道）卫星无线电掩星技术给出了地球大气探测的新途径。从 LEO 观测到的掩星数据可以反演的地球大气的水汽、温度等剖面；对气象和大气科学研究，它们是具有潜在价值的数据资源。掩星观测资料的一维变分同化反演可以有效地改进目前的数值天气预报模式，对观测资料进行优化处理。在该技术中，可以选择掩星资料的大气折射率或弯曲角剖面进行同化，反演的参数为水汽和温度剖面以及海平面压强；当然也可以直接用水汽、温度等气象参数进行同化，结果表明这种算法的效果不及以上两种选择。本节以欧洲中尺度天气预报分析(ECMWF)资料为背景场,德国CHAMP卫星掩星观测得到的折射率剖面为观测值,采用Levenberg-Marquardt优化方法实行GPS掩星资料一维变分同化。作为讨论的一部分,用相应的探空气球资料来检验CHAMP掩星资料变分同化结果。

无线电掩星技术和数据的变分同化反演

GPS/LEO无线电掩星技术能提供高精度、高分辨率、全球覆盖的地球电离层和中性层大气剖面。它具有全天候、低费用、全球覆盖、高精度、高分辨率、无系统长期漂移等优点[185]。自从1995年美国发射第一颗无线电掩星探测地球大气实验LEO(低地球轨道)卫星MicroLab1以后[171,172],丹麦在1999年2月、阿根廷同美国在2000年6月和德国在2000年7月分别发射了Orsted、SAC-C和CHAMP卫星[186]。它们的主要研究课题之一就是利用GPS/LEO掩星技术进行大气剖面反演。特别应该提到的是：1997年,美国和台湾联合制订了COSMIC计划[187]。这个计划耗资近1亿美元(其中台湾占80%,美国20%)。这组由6颗卫星组成的中华三号卫星系统将于2005年发射升空。欧洲共同体也制订了由4颗卫星组成的、耗资0.9亿欧元的ACE+计划,它也将在2008年实施。日本、澳大利亚和阿根廷等国均提出相应的GPS/LEO卫星掩星观测计划。近几年中,全球将可能有十几颗卫星进行掩星观测,届时它们每天可望提供几千到上万个中性层和电离层的大气剖面。

GPS无线电掩星技术探测地球大气的基本原理如图5.2-1所示。装载在LEO上的GPS接收机接收GPS卫星发射的电磁波信号,当信号传播路径经过地球大气层时,由于电离层和中性大气层对电磁波的折射作用,信号路径同时发生延迟和弯曲效应,形成掩星事件(occultation events)。在几何光学近似下,掩星数据处理的标准反演算法在文献中有详细的介绍[188-190]。其基本原理可以简单地表示成：将信号相位残差数据,通过差分得到多普勒观测;接着在局部球对称大气的假设下，把多普勒序列转换为弯曲角随碰撞参数的变化函数[191]；然后利用 Abel 积分变换得到折射率垂直剖面[192]；再通过 Smith - Weintraub 方程、理想气体方程、流体静力学方程逐步反演中性大气层的压强、温度，或者水汽的剖面（其中温度剖面必须从其他途径获得）。

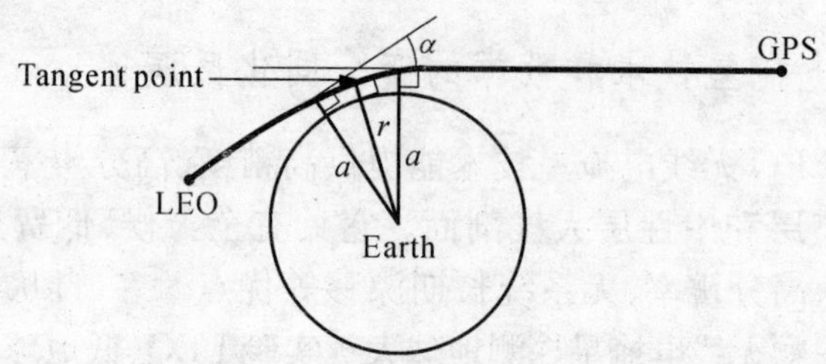

图 5.2-1　GPS/LEO 掩星几何图

在利用掩星观测资料同时反演温度和水汽的过程中，存在一个模糊度问题。合理地考虑背景场和观测量的误差特性，则可以利用一维变分技术来克服这个困难，改进反演剖面的质量。不仅如此，正如 Eyre(1994)所建议[193]，采用一维变分（one dimension variational 简称 1DVAR）反演技术，也可以直接从弯曲角或折射率剖面中直接得到大气层的压强、温度，以及水汽的剖面。与标准反演算法比较，实践表明，从弯曲角或折射率剖面进行同化的结果可能更加合理。因此，1DVAR 方法已经成为当前 GPS 掩星数据同化中较为有价值的技术途径之一。

从反演技术中观测量的设置，掩星数据的变分同化可以通过以下三种途径：(a) 弯曲角同化[194-196]；(b) 折射率同化[197-199]；(c) 温度和水汽同化[193]。

由于观测量比较"原始"，弯曲角同化具有最简单的观测误差特性；但是它的观测算子较为复杂和需要大量计算计时。相反，温度和水汽同化具有最简单的观测算子，但是它的观测误差特性分析较为复杂。大气折射率同化是一个相对折中的方法。掩星数据同化方法的更详细的讨论可以参见文献[200]。在本文中，我们将较为详细地讨论掩星数据的大气折射率一维变分同化方法，并利用上海天文台发展的 GPS/LEO 掩星技术系统[190]，对 CHAMP 掩星折射率观测资料进行反演。反演结果与相应的探空气球资料进行比对和分析。

Levenberg-Marquardt 优化方法

变分同化技术的一个基本假设是：大气状态向量 x 的最大似然值应满足价值函数 $J(x)$ 最小化条件[193]：

$$\min J(x)=\frac{1}{2}(x-x^b)^T B^{-1}(x-x^b)+\frac{1}{2}(y^0-H\{x\})^T(O+F)^{-1}(y^0-H\{x\})+J_c(x) \quad (5.2-1)$$

其中 x 为大气状态向量的最大似然值，x^b 为背景场状态向量，y^0 为观测向量，B 为背景场状态向量的误差期望协方差矩阵，$H\{x\}$为观测算子，它将状态向量 x 映射到观测向量空间，O 为观测向量的误差期望协方差矩阵，F 为观测算子的误差期望协方差矩阵，$J_c(x)$为附加惩罚函数，它通常代表系统中其他的动力学和物理约束。

对于(5.2-1)式，求解 $J(x)$的最小值是一个大维数的非线性最优化问题，一般可以通过数值迭代的方法。本文采用了 Levenberg-Marquardt 优化方法来求其最小值[201]。

Levenberg-Marquardt 优化方法需要对以下矩阵方程求迭代解过程见图 5.2-2[198]：

$$(J''(x_n)+k\cdot I)\cdot(x_{n+1}-x_n)=-J'(x_n)\to 0, \quad (5.2-2)$$

其中下标 n 是迭代的次数，k 是正的标量变量，I 是单位矩阵。$J'(x_n)$和 $J''(x_n)$分别是价值函数 $J(x)$对于 x_n 的一阶和二阶导数：

$$J'(x_n)=-H'\{x_n\}^T(O+F)^{-1}(y^0-H\{x_n\})+B^{-1}(x_n-x^b) \quad (5.2-3)$$

和

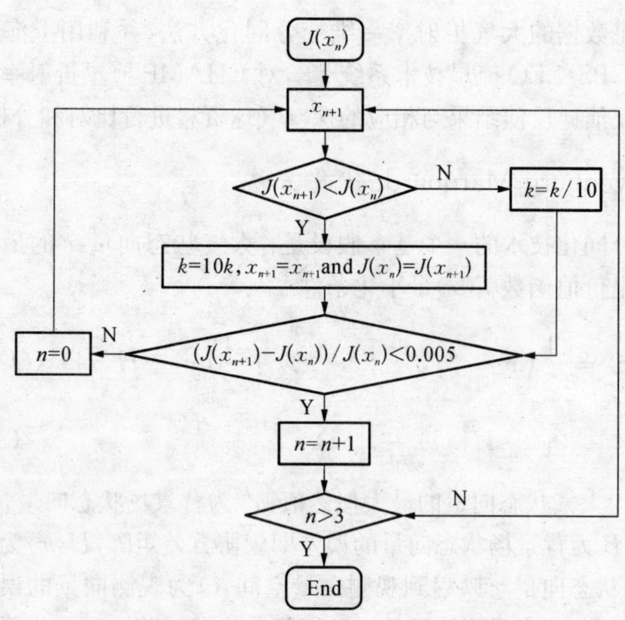

图 5.2-2 Levenberg-Marquardt 算法流程图

$$J''(x_n) \approx H'\{x_n\}^T(O+F)^{-1}H'\{x_n\}+B^{-1}, \qquad (5.2-4)$$

其中 $H'\{x_n\}$是观测算子对 x_n 的偏导数。注意：在(5.2-4)中做了近似处理，忽略了包含 $H''\{x_n\}$的项。

在实算中，可以令 k 初始值为 0.001；然后按如下过程进行迭代：

(a) 计算 $J(x_n)$；

(b) 解线性方程(5.2-2)，得到 x_{n+1}；

(c) 如果 $J(x_{n+1}) \geqslant J(x_n)$，那么把 k 增加 10 倍，再回到(b)；

(d) 如果 $J(x_{n+1}) < J(x_n)$，那么把 k 减少 10 倍，令 $x_n := x_{n+1}$，再回到(b)；

折射率一维变分同化

在折射率一维变分同化技术中，测量向量 y^0 取为以碰撞参数为自变量的大气折射率函数的一维垂直剖面：

$$y^0 = N(a);$$

背景场的状态向量 x^b 则采用欧洲中尺度天气预报(ECMWF)的分析数据，从中获得标准压强层面上的温度、湿度参数，以及海平面上压强。通过内插得到掩星事件相应空间和时间点上的值。采用的 ECMWF 分析数据结构为：从 1 000 mbar 到 1 mbar 的高度上(大约 43 km)，分成 17 个标准压强层面；在经度和纬度上的水平分辨率为 2.5°×2.5°，时间分辨率为 6 h。为了简化计算过程，在 (5.2－1)中，忽略了附加惩罚函数 $J_c(x)$和观测算子误差协方差矩阵 F。

1　观测算子

在折射率一维变分同化中，观测算子 $H\{x\}$将状态向量 x(温度、湿度和压强剖面)映射到以高度为函数的大气折射率剖面中。观测算子可以在形式上表示为：

$$H\{x\} = \Psi(\Phi(x)), \tag{5.2-5}$$

其中 Ψ 为大气折射率计算算子，Φ 为插值算子，它把以标准压强层面为自变量的状态向量函数映射到以高度为自变量的函数。

在中性大气层中，大气折射率计算算子对应于大气折射率与大气压强、温度和湿度之间的 Smith-Weintraub 方程：

$$N = k_1 \frac{p}{T} + k_2 \frac{p_w}{T^2}, \tag{5.2-6}$$

其中 p 和 p_w 分别是大气总压和水气分压(mbar)，T 为大气的绝对温度(K)，常参数 $k_1=77.6$ K/mbar，$k_2=3.73\times10^5$ K^2/mbar。

在插值算子的计算中，首先计算在每个标准压强层面上的虚温 T_i^v：

$$T_i^v = T_i(1+0.608q_i)。 \tag{5.2-7}$$

其中，i 是层面序号，T_i 是相应的绝对温度，q_i 是水汽和干大气的混合比(密度比或比湿)。假设在压强层之间的虚温是线性变化的，根据大气静力学方程，可以推出压强层之间位势高度 Z_i 的关系：

$$Z_{i+1} = Z_i + \frac{R_d}{9.806\,65} \frac{(T_{i+1}^v - T_i^v)}{(\ln T_{i+1}^v - \ln T_i^v)} \ln\left(\frac{p_i}{p_{i+1}}\right), \quad (5.2-8)$$

式中 R_d 为干大气气体常数：$R_d = 0.287\ \mathrm{J/(gK)}$。

从 ECMWF 表列的大气剖面，可以计算大气比湿对数($\ln(q)$)、温度和虚温，以及它们对位势高度的一阶导数 α_i、β_i 和 γ_i，那么在任意点 $z(Z_i < z < Z_{i+1})$处的比湿、温度和压强可以通过以下内插公式得到：

$$q(z) = q_i \exp\{\alpha_i (z - Z_i)\}, \quad (5.2-9)$$

$$T(z) = T_i + \beta_i (z - Z_i), \quad (5.2-10)$$

$$p(z) = p_i \left(1 + \frac{\gamma_i}{T_i^v}(z - Z_i)\right)^{\frac{-9.806\,65}{R_d \gamma_i}}。 \quad (5.2-11)$$

观测层面上的水气压 p_w 则可以根据下式得到：

$$q = 622 \frac{p_w}{p - 0.378 p_w}。 \quad (5.2-12)$$

最后由 Smith-Weintraub 方程(即(5.2-8)式)得到大气折射率。

在水平面压强处位势高度为零，Z_i 可以通过各层的虚温对于位势高度的导数 γ，从水平面外推得到，最后得到每个压强层面上的位势高度。

2　观测向量的期望误差协方差矩阵

大气折射率的测量误差中包括接收机信噪比误差、未完全校正的电离层改正、多路径效应、信号射线近地点的水平漂移、大气球对称假设模型误差，以及其他误差。观测算子误差期望协方差矩阵 O 的对角元素 δ_i 假设为：5 km 以下折射率误差为 1%，在 5 km 到 10 km高度之间从 1%线性减少到 0.2%，在 10 km 和 25 km 高度之间为常数 0.2%，在 25 km 到 30 km 高度之间误差从 0.2%线性增加到 1%，在 30 km 高度以上为常数 1%。

层之间的折射率观测的协方差 $\mathrm{Cov}(N_i, N_j)$ 可近似地用经验公式表示[199]：

$$\mathrm{Cov}(N_i, N_j) = \sigma_{N_i}\sigma_{N_j}\exp\left[-\frac{(Z_i - Z_j)^2}{\frac{1}{16}(Z_{i+1} - Z_{i-1})(Z_{j+1} - Z_{j-1})}\right], \tag{5.2-13}$$

其中 σ_{N_i} 和 σ_{N_j} 分别为在位势高度 Z_i 和 Z_j 上的折射率观测量 N_i 和 N_j 的标准差。当观测量的层面划分比较密集时，该观测误差协方差矩阵为正定的。

3　背景状态向量的期望误差协方差矩阵

背景场状态的期望误差期望协方差矩阵 B 是根据 United Kingdom Meteorological Office (UKMO)在处理 TIROS Operational Vertical Sounder (TOVS) 数据过程中，实时采用的标准差子集[202]。由于在 300 hPa 以上大气水汽含量很少，可以认为大气是干的，表 5.2-1的右边 250 hPa 以上就没有对数比湿误差这一栏。表面压强的背景期望误差为 2.5 hPa。误差参数的详细信息参见表 5.2-1。

层面之间的背景温度协方差 $\mathrm{Cov}(T_i, T_j)$ 可近似地用经验公式表示[199]：

$$\mathrm{Cov}(T_i, T_j) = \sigma_{T_i}\sigma_{T_j}\exp\left(-\left(\frac{In(p_i/p_j)}{0.1}\right)^2\right)\exp\left(-\left(\frac{T_i - T_j}{3}\right)^2\right), \tag{5.2-14}$$

其中 σ_{T_i} 和 σ_{T_j} 分别表示在压强 p_i 和 p_j 处的背景温度 T_i 和 T_j 的标准差。

层面之间的背景湿度协方差 $\mathrm{Cov}(q_i, q_j)$ 可近似地用经验公式表示[199]：

$$\mathrm{Cov}(q_i, q_j) = \sigma_{q_i}\sigma_{q_j}\exp\left(-\left(\frac{In(p_i/p_j)}{0.1}\right)^2\right), \tag{5.2-15}$$

其中σ_{q_i}和σ_{q_j}分别表示在压强 p_i 和 p_j 处的背景对数比湿 $\ln(q_i)$和$\ln(q_j)$的标准差。

表 5.2-1 背景场状态向量中温度,比湿对数和地球表面压强的标准差

Pressure /hPa	Temperature error/K	Log specific humidity error/gKg^{-1}	Pressure /hPa	Temperature error/K
1 000	1.22	0.19	250	2.25
950	1.64	0.24	200	2.39
920	1.75	0.25	150	1.75
850	1.75	0.32	135	1.75
780	1.75	0.36	115	1.75
700	1.75	0.38	100	1.75
670	1.75	0.38	85	1.75
620	1.75	0.39	70	1.75
570	1.75	0.39	60	1.75
500	1.75	0.39	50	2.10
475	1.75	0.40	30	2.30
430	1.75	0.40	25	2.50
400	1.75	0.40	20	2.80
350	1.75	0.40	15	3.20
300	1.96	0.40	10	3.80
Surface pressure/hPa	2.5			

4 迭代收敛的判别与质量控制

在 Levenberg-Marquardt 方法中,可以根据迭代过程中价值函数$J(x)$的变化来判断迭代的收敛性。当价值函数 $J(x)$的相对变化小于 0.5%,并且迭代次数大于 3 时,我们认为该大气状态解向量已经收敛。计算实例参见图 5.2-3。

当迭代收敛之后,可以通过 χ^2 检验来进行质量控制。给定显著性水平为 $\alpha=0.001$,如果价值函数 $J(x)$大于 $\chi^2_{0.001}(n)$(n 为自由度),

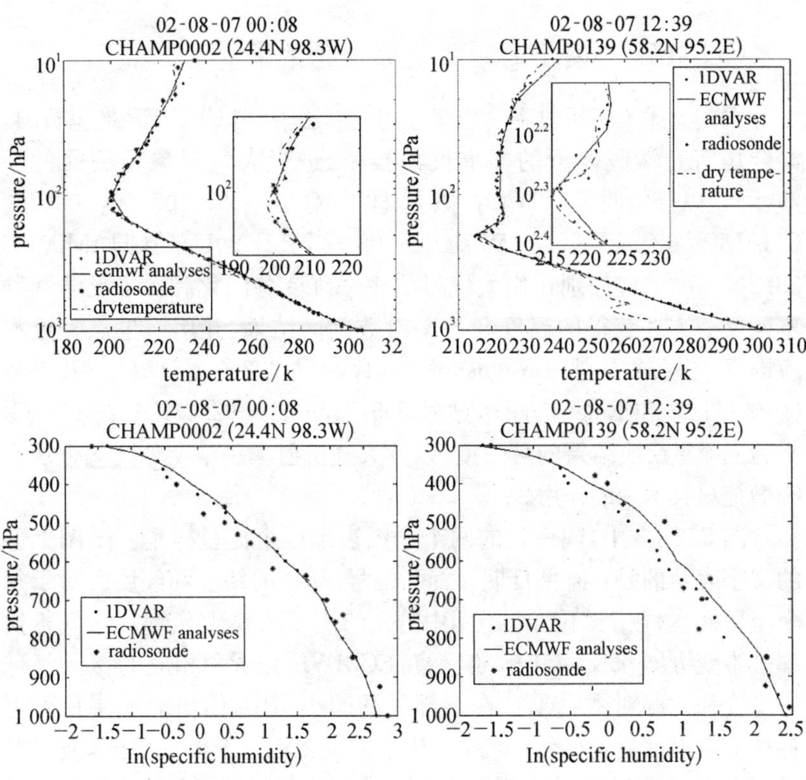

图 5.2-3 CHAMP 掩星折射率资料大气折射率一维变分同化，与标准反演、ECMWF 分析和相应的探空气球得到的温度、比湿对数的比较

那么认为该变分同化反演结果的质量较差[196]。为了确保每次迭代的大气状态解向量满足大气的物理性质，还必须利用 Magnus 公式：

$$E_0(T_0) = 6.11 \times 10^{\frac{7.5(T_0)}{237.3+(T_0)}}$$

来检查大气湿度是否超饱和状态[180]，不然的话就有必要加以修正。上式中，$E_0(T_0)$是 T_0(℃)温度下的水汽饱和气压(saturated pressure)，而 $T_0(\mathrm{K})=T_0(℃)+273.15$。

CHAMP 掩星资料一维变分同化结果

根据上述大气折射率一维变分同化算法，利用 CHAMP 掩星资料，结合几何光学假设下的标准反演技术，进行大气气象场剖面的反演[190]。以下，例示了两个掩星样本（02 - 08 - 07 00：08UTC CHAMP0002 24.4N 98.3W 和 02 - 08 - 07 12：39UTC CHAMP0139 58.2N 95.2E），分别在用大气折射率一维变分同化和标准反演两种不同反演方法获得的温度和比湿对数剖面结果，并用掩星点附近相应的探空气球资料（Brownsville intl，站号 72250，25.54N 97.26W 00：00UTC；和 Emel'Janovo，站号 29572，56.11N 92.37E 12：00UTC）来验证掩星反演结果的可信度，以及大气折射率一维变分同化方法在 GPS 掩星技术中的作用。

图 5.2 - 3 中，同一列的两个子图表示一个掩星样本。子图上部的文字表示的是：掩星日期、时间、编号、切点的纬度和经度。对于每个掩星样本，在上、下两个子图中分别给出 CHAMP 资料用大气折射率一维变分同化反演和标准反演、ECMWF 分析和相应的探空气球的温度和比湿对数结果。在上部子图的小图中，给出对流层顶附近各种资料温度变化的细部特性；从中发现：相比于大气模式，掩星结果可以更好地反映对流层顶附近大气剖面的精细结构。在左上图中，由于掩星观测没有到达低部大气层，标准反演方法在一定的高度上就截止了。在右上图中，可以看到：水汽的存在使标准反演方法得到的温度剖面在下对流层有很大的偏离。由于两个样本中都取自探空气球站附近，它们与数值天气预报模式的差别较小，除上部两个子图的小图内反映的对流层顶附近的细部特性以外，总体上而言，一维变分同化的结果与数值天气预报模式的差别还不显著。但是，相对广阔的海洋、山地、沙漠等探空气球相对稀疏的荒漠地区而言，GPS 掩星探测地球大气技术与一维变分同化方法就显示了它们的潜在功能；如果将 GPS 掩星资料同化到数值天气预报模式中，则可以明显改进大气模式以及天气预报和气候分析[203]。

我们用折射率变分同化技术处理了 2002 年 8 月 7 日一天总共 192 个 CHAMP 掩星数据。我们发现 Levenberg-Marquardt 方法具有很好的收敛性和收敛速度。所有掩星数据变分反演都收敛，迭代次数都在 15 次以内。质量检验结果只发现大约有 8%(15 个)的掩星质量比较差。

小结

本节首先描述了 GPS 掩星技术中大气折射率一维变分同化技术；并以欧洲中尺度天气预报分析(ECMWF)资料为背景场大气模式，用该方法反演了 CHAMP 掩星观测资料，获得大气温度和湿度剖面。在求解价值函数 $J(x)$ 极值的 Levenberg-Marquardt 算法中，引入了较为合理的迭代收敛判别因子。为了使水汽的结果在物理性质上更为合理，本节还引入了 Magnus 公式来约束水汽超饱和现象。本文给出的样本都取自探空气球站的附近，我们的计算结果还是发现在对流层顶附近，GPS 掩星观测反演的大气剖面比预报大气模式更好地反映了细部特性。从本节的样本计算实例中，参见图 5.2－3 上部两个子图，同样证实：一维变分同化技术可以获得比传统标准反演技术更可靠、更精确的大气剖面。

作为本节的小结，为了进一步开展以后的研究工作，提出了以下几个方向：

(1) 与折射率化比较，弯曲角同化可能会减少的反演误差，削弱大气水平不均匀性误差和超折射效应等。但是弯曲角同化观测算子的计算比较复杂，需要大量的计算机时。合理改进弯曲角观测算子的计算方法，可能克服折射率同化中存在的不足。

(2) 在价值函数 $J(x)$ 最小化问题中，附加惩罚函数 $J_c(x)$ 和观测算子误差协方差矩阵 F 正确估计可能使结果更为可靠。

(3) 恰当估计的观测向量的期望误差协方差矩阵和背景状态向量的期望误差协方差矩阵不仅对数据变分同化系统是必需的，也是把掩星反演的剖面同化到数值天气预报模式所不可缺少的[206]。

(4) 低对流层集中了大气中绝大部分的水汽,对它的研究是大气科学的焦点之一。结合一维变分同化反演,应该考虑如何进一步改进低对流层信号的获得和反演方法[207],其中地面(包括海面)反射波、多路径和超折射是必须考虑的误差源。

致谢

感谢德国 GFZ 提供 CHAMP 掩星数据,感谢欧洲中尺度天气预报中心提供 ECMWF 数据,感谢上海天文台提供 GPS/LEO 掩星系统软件的技术支持。

参考文献

[1] Borda J. C. Mémoire Sur les élection au Scrutin [M]. Memoires des L'académie Royale des Sciences, 1781. English Translation by A. De Grazia, Isis, 44, 1953.

[2] Condorcet M. Essai sur L'applicanon de L'analyse a la Probabilité des Décisions Rendues a la Plurallité. Des Voix Essay on the Application of the probabilistic Analysis of Majority Vote Decisions. Paris: Imprimerie Royale, 1785.

[3] Nanson E. J. Methods of Election[J]. 维多利亚皇家学会会报与会议录, 1882, 19: 197 - 240.

[4] Bergson A. A reformulation of certain aspects of welfare economics[J]. Q. J. Econim., 1938, 52: 310 - 334.

[5] Samuelson P. A. Foundations of Economic Analysis [M]. Cambridge: Harvard Univ. press, 1947.

[6] Arrow K. J. Social Choice and Individual Values [M]. New York: Wiley, 1951.

[7] Sen A. Social Choice Theory. In: K. J. Arrow and M. D. Intriligator, Handbook of Mathmatical Economics Ⅲ. Amsterdam: North-Holland, 1986.

[8] Kelly J. S. Arrow Impossibility Theorems [M]. New York: Academic press, 1978.

[9] Suzumura K. Rational Choice, Collective Decisions and Social Welfare[M]. Cambridge: Cambridge Univ. press, 1983.

[10] Fishburn P. C. Lexicographic order, utilities rules: A survey [J]. Mgmt. Sci., 1974, 20(a): 1442 - 1471.

[11] Sen A. Interpersonal aggregation and partial comparability[J]. Econometrica, 1970, 38: 393-409.

[12] Keeney R. L. and Kirkwood C. W. A group preference axiomatization with cardinal utility[J]. Mgmt. Sci. ,1976,23(2): 140-145.

[13] Bacharach M. Group decision in face of difference of opinion [J]. Mgmt. Sci. ,1975,22: 182-195.

[14] Greenberg J. Consistent majority rules over compact sets of alternatives[J]. Econometrica,1979,47(3): 627-636.

[15] Dyer J. S. and Surlin R. K. Group preference aggregation rules based on strength of preference[J]. Mgmt. Sci. ,1979,25(9): 23-34.

[16] Wendell R. E. Multiple objective mathematical programming with respect to multiple decision makers [J]. Operations Research,1980,28: 1100.

[17] Plott C. R. Axiomatic social choice theory: An overview and interpretation[J]. American Journal of Political Science,1976, XX: 511-596.

[18] Ramanathan R. , Ganesh L. S. Group preference aggregation methods employed in AHP: An ealuation and an intrinsic process for deriving members' weightages [J]. European Journal of Operational Research,1994,79: 249-265.

[19] Banerjer A. Fuzzy preference and Arrow-type problems in social choice[J]. Social Choice and Welfare,1994,11: 121-130.

[20] Barrett C. R. ,Pattanaik P. K. ,Solles M. On the structure of fuzzy social welfare functions[J]. Fuzzy Set and Systems,1980, 19: 1-10.

[21] Basu K. Fuzzy revealed preference theory [J]. J. Econ. Theory,1984,32: 212-217.

[22] Kersten G. E. NEGO-Group decision-support-system [J].

Inform. &Management,1985,8：237－246.

[23] Lewis H. S. ,Butler T. W. An interactive framework for multi-person，multiobjective programming and ranking methods[J]. Decision Sciences,1993,24：11－22.

[24] Iz Peri，Krajewski,Lee. Comparative evaluation of three interactive multiobjective programming techniques as group decision supporting tools[J]. INF. O. R. (IOR),1992,30(4)：349－363.

[25] Iz Peri. Two multiple criteria group decision supporting systems based on mathematical programming and ranking methods [J]. European J. of Oper. Res. ,1992,11(2)：245－253.

[26] Gundersen D. E. , Davis D. L. , Davis D. F. Can DSS technology improve group decision performance for end user：an experimental study[J]. J. of End User Computing,1995,7(2)：3－10.

[27] Mark C. The Economics of Business Culture：Game Theory，Transaction Costs，An Economic Performance[M]. Oxford：Clarendon Press,1991.

[28] Brockhoff K. Group press for forecasting [J]. European Journal of Operational Research,1996,13：115－127.

[29] Sambamurthy V. ,Chin V. W. The effects of group attitudes toward alternative GDSS designs on the decision-making performance of computer-supported Groups [J]. Decision Science,1994,15(2：215－241).

[30] 胡毓达. 关于塔形惩罚的群体评分法[J]. 贵州大学学报,1998,15(4)：225－229.

[31] 胡毓达，丁鸿生. 群体决策的惩罚二次评分方法[J]. 上海交通大学学报,1999,33(6)：6－9.

[32] 胡毓达. 群体决策的偏差度分析[J]. 运筹学学报，1998，2(2)：77－83.

[33] 胡毓达. 多目标群体决策的优先数法[J]. 贵州大学学报，

1994,11(4):193-198.

[34] 胡毓达. 群体决策的一类惩罚评分方法[J]. 系统工程理论与实践,2002,4:80-84.

[35] 胡毓达. 群体决策的α-较多有效规划与多目标群体决策的α-比较数法[J]. 系统工程学报,1996,11(2):45-51.

[36] 胡毓达,于丽英. 关于群体决策的偏比映射[J],系统科学与数学,2003,23(4):559-565.

[37] 于英川. 弱有效解的分层与评价序模型[J]. 中国管理科学,1994,3.

[38] 王晓敏. 多目标优化和群体决策的若干理论和方法[博士论文]. 上海交通大学,1999.

[39] 秦志林,庄海宣. α-较多群体决策规则[J]. 纺织基础科学学报,1995,7(1):1-4.

[40] 徐徐,胡毓达. 不完全信息群体多属性决策的过滤函数法[J]. 运筹学学报,2004,8(3):69-73.

[41] 胡毓达,王晓敏. 群体决策的模糊偏爱公理和不可能定理[J]. 自然科学进展,2000,(12):1094-1098.

[42] 胡毓达. 随机偏爱群体决策和不可能定理[J]. 自然科学进展,2002,12(6):580-584.

[43] 胡毓达,秦志林. 一类求解多目标规划群体决策问题的交互规划方法[J]. 运筹学杂志,1993,12(1):44-51.

[44] 林锉云. 多目标群体决策的最优性条件[J]. 南昌大学学报,1995,19(1):43-50.

[45] 胡毓达. 群体多目标决策联合有效解类及其最优性条件[J]. 上海交通大学学报,1999,33(6):642-645.

[46] 于丽英,胡毓达. 群体多目标决策联合有效解类的几个最优性充分条件[J]. 运筹学学报,2000,4(4):31-36.

[47] 王中兴,扬雷. 群体多目标决策联合有效解类的不变凸充分条件[J]. 运筹学学报,2001,5(2):31-36.

[48] 胡毓达，王晓敏. 群体多目标规则的联合 Mond-Weir 对偶[J]. 系统科学与数学，2003,23(1)：1-6.
[49] 王晓敏，胡毓达. 群体多目标最优化的联合 Lagrange 对偶性[J]. 应用数学学报，2003,26(4)：702-707.
[50] 应玫茜. 多目标规划的真有效解[J]. 系统科学和数学，1984,4：109-116.
[51] 林晨，集值映射多目标规划的 K-T 最优性条件[J]. 系统科学与数学，2000,20(2)：196-202.
[52] 杨丰艳，刘棠，汪寿阳. 多目标规划局部有效解的二阶条件[J]. 系统科学与数学，1991,11(4)：349-360.
[53] 魏权龄，应枚茜. 多目标数学规划的稳定性[J]. 数学学报，1981,24(3)：321-330.
[54] 胡毓达，王晓敏. 多目标交互规划的修正 Z-W 法及其收敛速度[J]. 数学年刊，1993,14A(3)：381-389.
[55] 刘树林，邱菀华. 多属性决策基础理论研究[J]. 系统工程理论与实践，1998,18(1)：38-43.
[56] 王仁超，孙惠. 不精确偏好与非传递偏好[J]. 系统工程学报，1997,12(3)：31-38.
[57] 樊治平，张全. 不确定性多属性决策的一种线性规划方法[J]. 东北大学学报，1998,19(4)：419-421.
[58] 樊治平，郭亚军. 误差分析理论在区间数多属性决策问题中的应用[J]. 东北大学学报，1997,18(5)：555-560.
[59] 陈挺. 决策分析[M]. 北京：科学出版社，1987.
[60] 宣家骥. 多目标决策[M]. 长沙：湖南科技出版社，1989.
[61] 章志敏. 多属性决策方法及应用[J]. 系统工程理论与实践，1994,14(10)：8-10.
[62] 杨春，李怀祖. 一个证据推理模型及其在专家意见中的应用[J]. 系统工程理论与实践，2000,4：43-48.
[63] 樊治平，肖四汉. 有时序多指标决策的理想矩阵法[J]. 系统工

程,1993,11(1):61-65.

[64] 廖猕武,唐焕文. 一种时序多指标决策方法及应用[J]. 系统工程与电子技术,2001,23(11):1-4.

[65] 徐泽水. 部分权重下多目标决策方法研究[J]. 系统工程理论与实践,2002,22(1):43-47.

[66] 姜华,高国安,刘栋梁. 多准则评价系统设计[J]. 系统工程理论与实践,2000,20(3):12-16.

[67] 祝世京,温鹏,陈挺. 多人多目标决策的均衡协调解[J]. 系统工程学报,1993,8(1):9-15.

[68] 王晓敏. 群体决策的 l-平均规则及其性质[J]. 运筹学杂志,1997,16(1):48-56.

[69] 胡毓达,秦志林. 非线性多目标群体决策的递缩约束集法[J]. 上海交通大学学报,1995,29(5):122-143.

[70] 林锉云. 多目标群体决策的 Mond-Weir 对偶性[J]. 运筹学杂志,1997,16(1):47-55.

[71] 秦志林,丁合真. 联合偏差度排序方法[J]. 山东师范大学学报,1999,14(4):445-447.

[72] 孟志青. 集值函数向量优化的鞍点条件[J]. 运筹学杂志,1996,15(2):78-80.

[73] 应枚茜. 多目标数学规划有效解的充要条件和判别准则[J]. 应用数学学报,1979,2(3):268-277.

[74] 胡毓达. 实用多目标最优化方法[M]. 上海:上海科学技术出版社,1994.

[75] 邱莞华. 管理决策与应用熵学[M]. 北京:机械工业出版社,2002.

[76] Sen A. K. Collective Choice and Social Welfare[M]. Holden-Day, San Francisco. (1970).

[77] Wendell, R. E. Multiple objective mathematical programming with respect to multiple decision makers [J]. Operations

Research, 1980, 28(5): 1100.

[78] Lewis, H. S. et al. An interactive framework for multi-person, multiobjective decision[J]. Decision Sciences, 1993, 24 (1): 1.

[79] Kim S. H. ,Ahn B. S. Group decision-making procedure considering preference strength under incomplete information[J]. Computers and Operations Research, 1997,24: 1101 - 1112.

[80] Kim S. H. , Ahn B. S. Interactive group decision-making procedure under incomplete information[J]. European Journal of Operational Research, 1999,**116**: 498 - 507.

[81] Kim J. K. , Choi S. H. ,Han C. H. , Kim S. H. An interactive procedure for multiple criteria group decision-making with incomplete information. 23rd International conference on computers and industrial engineering [J]. Computers and Engineering, 35(1 - 2): 295 - 298.

[82] Kim S. H. ,Choi S. H. ,Ahn B. S. Interactive group decision process with evolutionary database [J]. Decision support System, 1998, **23**: 333 - 345.

[83] 徐泽水. 不完全信息下多目标决策的一种新方法[J]. 运筹与管理,2001,**10(2)**: 25 - 28.

[84] 廖貅武,唐焕文. 基于不完全信息的一种群决策方法[J]. 大连理工大学学报,2002, 42(1): 122 - 126.

[85] 洪振杰,毛传挺. 群体多属性决策的属性权重不完全信息的集结[J]. 温州师范学院学报,2004,vol. 25(5): 44 - 47.

[86] 吴云燕,华中生,查勇. AHP 中群决策权重的确定与判断矩阵的合并[J]. 运筹与管理, 2003,12(4): 16 - 21.

[87] Sen A. K. Collective Choice and Social Welfare[M]. San Francisco: Holden-Day, 1970.

[88] May K. O. A set of independent, necessary and sufficient conditions for simple majority decision[J]. Econometrica, 1952,

20：680－684.

[89] 洪振杰，叶帆. 关于群体惩罚评分映射的理性条件[J]. 系统工程理论与实践，2005，25(4).

[90] 叶帆，洪振杰. 关于群体偏比映射理性条件的探讨[J]. 温州师范学院学报，2005，26(2).

[91] ZHOU Xuanwei, HONG Zhenjie and LI Jing. Stochastic Borda-number method for group decision making with stochastic preference[J]. OR Transaction, 2004，8(4)：54－60.

[92] Pareto V.，Manuale di Economia Politica，Italy milano：Societa Editrice Libraria，1906；Piccola Biblioteca Scientifica No. 13，Italy Milano：Societa Editrce Libraria，1919. Translateed into French，with Revised Mathematical Appendix，by Girard and Brière，as Manuel D'Economie Politique，First Edition，1909 and Second Edition，1927，Pairs France：Giard. Translated into English by A. S. Schwier，as Manual of Political Economy，1971，New York：The Macmilla CompanyBorel E.，La Théorie du Jeu et les Equations Integrals a Noyau Symétrique Gauche，Comptes Rendus de L'Académie des Sciences，Paris，France，1921，173：1304－1308.

[93] Borel E.，La Théorie du Jeu et les Equations Integrals a Noyau Symétrique Gauche，Comptes Rendus de L'Académie des Sciences，Paris，France，1921，173：1304－1308.

[94] Von Neumann J.，Morgenstern O. Theory of Games and Economic Behavior，New Jersey：Princeton Univ. press，1943.

[95] Cantor G.，Beitrage zur Begrundung der Transfiniten Mengenglehre，Mathematiche Annalen，1895，46：481－512 and 1897，49：207－246. Translated into English as Contributions to the Founding of the Theory Transfinite Numbers，New York：Dover publications，undated. See also E. Zermelo，Gesammelete Abhandlunger (Collected Works)，Germany：Springer-Verlag，1932.

[96] Hausdorff F., Untersuchungen uber Ordnungsytpen, Berichte uber die Verhandlungen der Koniglich Sachsischen Gesellschaft der Wissenschaften zu Leipzig, Mathematisch-physische Klasse, 1906, 58: 106 - 168.

[97] Koopmans T. C. Analysis of production as an Efficient Combination of Activities, In: T. C. Koopmans, Activity Analysis of production and Allocation, Cowles Commission Monograph No. 13, New York: John Wiley and Sons, 1951, 33 - 97.

[98] Kuhn H. W., Tucker A. W. Nonlinear Programming, In: Proceedings of the Second Berkeley Symposium on Mathematical Statistic and Probability, California: California Univ. Press, 1951, 481 - 492.

[99] Debreu G. Representation of a preference ordering by a numerical function, In: Thrall R. M., Coombs C. H., Davis R. L. Decision Processes, New York: John Wiley and Sons, 1954, 159 - 165.

[100] Hurwicz L. Programming in Linear Spaces, Studies in Linear and Nonlinear Programming, In: Arrow K. J., Hurwicz L., Uzawa H., Stanford, California: Standford Univ. Press, 1958, Second Printing, London, English: Oxford Univ. Press, 1964, 38 - 102.

[101] Karlin S. Mathematical Methods and Theory in Games, Programming and Economics, Vol. 1, Massachusetts: Addison Wesley Publishing Company, 1959.

[102] Geoffrion A. M. Proper Efficiency and the Theory of Vector Maximization[J], J. Math. Anal. Appl., 1968, 22: 618 - 630.

[103] Borwein J. Proper efficient points for maximization with respect to cones[J], SIMA J. Control and optim, 1997, 15

(1)：57－63.

[104] Henig M. I. Proper efficient with respect to cones[J]. J. Optim. Theory Appl.,1982,36(3)：387－407.

[105] 冯英俊. 多目标最优化问题的 Fuzzy 解[J]. 科学通报,1981,26(17)：1028－1030.

[106] 梅家骝,辜介田. 多目标规划强有效的充分性条件[J]. 高等学校计算数学学报,1983,5(4)：328－335.

[107] Yu P. L. Cone convexity, cone extreme points, and nondominated solutions in decision problems with multiobjectives[J]. J. of Optim. Theory Appl.,1974,14(3)：319－378.

[108] 胡毓达. 向量空间的较多序类[J]. 数学年刊,1990,11A(3)：269－280.

[109] Hu Y. D. α-Major Cone and α-Major Order, selected Scientific Papers of Shanghai jiaotong Univ., 1994,95－102.

[110] Hu Y. D. Major optimality and major efficiency in multiobjective optimization: techniques and applications[J]. World Scientific,1992,1：368－374.

[111] Hu Y. D. Major efficient solutions and weakly efficient solutions of multiobjective programming [J]. Applied Mathematics-A Journal of Chinese, 1994,9B(1)：85－95.

[112] 胡毓达. 多目标规划的局部较多最优解和局部较多有效解[J]. 系统科学与数学,1994,14(1)：81－90.

[113] 胡毓达. Pareto 有效解和 α－较多有效解类[J]. 科学通报,1993,38(17)：1551－1553.

[114] 胡毓达,梁东庆. ε－扩展锥和多目标规划的 ε－恰当有效性[J]. 系统科学与数学,1999,19(1)：72－78.

[115] Arrow K. J., Hurwicz L., and Uzawa H., Studies in Linear and Nonlinear Programming, Stanford, California: Stanford Univ. Press,1958.

[116] Da Cunha N. O. , Polak E. Constrained minimization under vector-valued criteria in finite-dimensional spaces[J]. J. Math Anal. Appl. ,1967,19：103 - 124.

[117] Neustant L. W. Optimization[M]. New Jersey：Princeton Univ. Press,1967.

[118] Ritter K. Optimization, Theory in Linear Spaces Ⅰ, Math Ann,1969,182：189 - 206.

[119] Ritter K. Optimization, Theory in Linear Spaces Ⅱ, Math Ann,1969,183：169 - 180.

[120] Ritter K. Optimization, Theory in Linear Spaces Ⅲ, Math Ann,1969,184：133 - 154.

[121] Smale S. Global Analysis and Economics Ⅲ：Pareto Optima and Price Equilibria [J]. J. Math. Econom. , 1974, 1：213 - 221.

[122] Aubin J. P. Mathematical Methods of Games and Economic Theory[M]. Amsterdam：North-Holland Publ. ,1979.

[123] Lin J. G. Maximal vectors and multi-objective optimization [J]. J. Optim. Theory Appl,1976,18(1)：41 - 63.

[124] 陈光亚. Banach 空间中向量极值问题的 Lagrange 定理及 Kuhn-Tucker 条件[J]. 系统科学与数学,1983,3 (1)：62 - 70.

[125] 应枚茜. 多目标数学规划有效解和弱有效解的充要条件和判别准则[J]. 应用数学学报,1979,2(3)：268 - 277.

[126] 林锉云. Kuhn-Tucker 鞍点等价定理的推广[J]. 运筹学杂志,1983,2(2)：57 - 58.

[127] 林锉云. 多目标广义凸规划有效解和弱有效解的确充分必要条件[J]. 江西大学学报,1982,6(2)：84 - 93.

[128] 林锉云. 多目标分式规划的基本定理[J]. 应用数学学报,1983,6(2)：247 - 250.

[129] 李泽民. 线性拓扑空间中向量极值问题的广义 Kuhn-Tucker

条件[J]. 系统科学与数学,1990,10(1):78-83.

[130] 李泽民. 半无穷向量优化问题的最优性条件[J]. 系统科学与学报,1994,14(4):375-380.

[131] Wang S.,Yang F. A gap between scalar optimization and multiobjective optimization[J]. J. Optim. Theory Appl.,1991,68:321-324.

[132] 孟志青,李荣生.一类群体交叉规划决策的联合最优解存在性[J].湘潭大学自然科学学报,1999,21(2):4-6.

[133] 杨新民,汪寿阳. 关于集值映射向量优化的有效性. 见:汪寿阳,陈光亚,傅万涛,多目标决策进展,香港:广宇咨询服务有限公司,1998,12-16.

[134] 胡毓达,孟志青. 多目标规划较多有效解和弱有效解的有效充分性条件[J]. 上海交通大学学报,1996,30(1):6-11.

[135] 胡毓达,程艳伟. 多目标规划 αk-较多有效解的必要条件[J]. 贵州大学学报,1996,13(1):1-4.

[136] Hu Y. D. Meng Z. Q. Necessary conditions for major optimal solutions and major efficient solutions of multiobjective programming system[J]. Math and Sys. Sci.,1997,10(4):315-319.

[137] Warburton A. R. Quasiconcave vector maximization: connectedness of the sets of pareto- optimal and weak pareto-optimal alternatives[J]. Journal of Optimization Theory and Applications, 1983,40(4):537-557.

[138] Luc D. T. Structure of the efficient point set[J]. Proc. Amer. Math. Soc.,1985,95:433-440.

[139] Naccache P. H. Connectedness of the set of nondominated outcomes on multicriteria optimization [J]. Journal of Optimization Theory and Applications[J]. 1978,25(3):459-467.

[140] Schaible S. Bicriteria quasiconcave programs[J]. Cahiers du Centre d'Etudes de Recherche Operationnelle, 1983, 25: 93-101.

[141] Daniichidis A., Hadjisavvas N., Schaible S. Connectedness of the efficient set for three-objective quasiconcave maximization problems [J]. Journal of Optimization Theory and Applications, 1997, 93: 517-524.

[142] Choo E. U., Atkins D. R. Bicriteria linear fractional programming [J]. Journal of Optimization Theory and Applications, 1982, 36: 203-220.

[143] Choo E. U., Atkins D. R. Connectedness in multiple linear fractional programming[J]. Management Science, 1983, 29: 250-255.

[144] Choo E. U., Schaible S., Chew K. P. Connectedness of the efficient set in three-criteria quasiconcave programming[J]. Cahiers du Centre d'Etudes de Recherche Operationnelle, 1985, 27: 213-220.

[145] Hu Y. D., Sun E. J. Connectedness of the efficient set in strictly quasiconcave vector maximization [J]. Journal of Optimization Theory and Applications, 1993, 78 (3): 613-622.

[146] Sun E. J. On the connectedness of the efficient set for strictly quasiconcave vector maximization problems [J]. Journal of Optimization Theory and Applications, 1996, 89(2): 475-481.

[147] Benoist J. Connectedness of the efficient set for strictly quasiconcave sets[J]. Journal of Optimization Theory and Applications, 1998, 96(2): 627-654.

[148] Hu Y. D., Ling C. Connectedness of cone super-efficient point sets in locally convex topological vector spaces[J].

Journal of Optimization Theory and Applications，2000，107(2)：433－446.

[149] Helbig S. On the connectedness of the set of weakly efficient points of a vector optimization problem in locally convex spaces[J]. Journal of Optimization Theory and Applications，1990，65(2)：257－270.

[150] HONG Zhenjie，ZHOU Xianwei，HU Yuda. Semi-continuity of point-to-set Map and Connectedness of Efficient Point Set [J]. OR Transaction，2005，9(1)：32－36.

[151] Naccache P. H. Stability in multicriteria optimization[J]. Journal of Mathematics Analysis and Applications，1979，68：441－453.

[152] Tanino T. ，Sawargi Y. Stability of nondominated solutions in multicriteria decision-making [J]. Journal of Optimization Theory and Applications，1980，30：229－253.

[153] 徐士英. 关于集值映照优化解的稳定性[J]. 系统科学与数学，1995，15(2)：138－145.

[154] Tanino T. Stability and sensitivity analysis in convex vector optimization[J]. SLAM J. Control and Optimization，1988，26：521－536.

[155] Sawaragi Y.，Nakayama H.，Tanino T. Theory of multiobjective optimization [M]. Academic Press Inc.，1985.

[156] 胡毓达，徐永明. 扰动多目标规划的次微分稳定性[J]. 数学学报，1992，35(5)：577－586.

[157] 胡毓达，孟志青. 序扰动多目标规划的锥次微分稳定性[J]. 系统科学与数学，2000，20(4)：439－446.

[158] 洪振杰，徐徐. 关于弱有效点集的稳定性的一个注解. 温州师范学院学报，2003，vol. 24(5)：47－49.

[159] HU Yuda，HONG Zhenjie，ZHOU Xuanwei. Utopian

preference mapping and the utopian preference mthod for group multiobjective optimization [J]. Progress in Nature Science, 2003, vol. 13(8): 573 - 577.

[160] 严豪健,符养,洪振杰. 现代大气折射引论[M]. 上海: 上海科技教育出版社,2005.

[161] Garfinkel B. Astronomical refraction in polytropic atmosphere[J]. A. J., 1967, 72(2): 235 - 254.

[162] Saastamoinen J. Contributions to the Theory of Atmospheric Refraction. Bull. Geod., 1973, V105 - 107: 13 - 34.

[163] Marini J. W. Correction of satellite tracking data for an arbitrary tropospheric profile [J]. Radio Science, 1972, 7: 223 - 231.

[164] Yan H. J. et al. Discussion and comparison of the mapping functions in radio frequencies[J]. Terrestrial, Atmospheric and Oceanic Sciences (TAO), 2002, 13(4): 563 - 575.

[165] Yan H. J., Ping J. S. The generator function method of the tropospheric refraction corrections [J]. A. J., 1995, 110: 934 - 939.

[166] Hopfield H. S. Two-quartic tropospheric refractivity profile for correcting satellite data[J]. JGR, 1969, 74: 4487 - 4499.

[167] Allen C. W. Astrophysical Quantities [M]. 3d ed., The Athlone Press, 1973.

[168] 洪振杰,郭鹏. 标准大气模型建立映射函数的可靠性讨论[J]. 天文学报,2004, 45(1): 68 - 78.

[169] Askne J., Nordius H. Estimation of tropospheric delay for microwaves from surface weather data[J]. Radio Sci., 1987, 22: 379.

[170] Yunck T. P., Lindal G. F., and Liu C. H. The role of GPS in precise earth observation [J]. Proceedings of IEEE

Positioning Location and Navigation Symposium (PLANS 88),1988, 251-258.

[171] Gurvich A. S., Krasil'nikova T. G. Navigation satellites for radio sensing of the Earth's atmosphere [J]. Sov. J. of Remote Sens., 1987, 6: 89-93.

[172] Rocken C., Anthes R. et al. Analysis and validation of GPS/MET data in the neutral atmosphere[J]. J. Geophys. Res., 1997,102(D25): 29849-29866.

[173] Ware R., Exner M. et al. GPS sounding of the atmosphere from low earth orbit: preliminary results [J]. Bull. Am. Met. Soc., 1996,77: 19-40.

[174] 胡毓达. 多目标规划的有效性理论[M]. 上海:上海科技出版社,1993.

[175] 胡毓达等. 锥拟凸与拓扑空间多目标最优化有效解和弱有效解集的连通性[J]. 应用数学学报,1989,12(1): 115-123.

[176] Davis J. L., Herring T. A., Shapiro I. I. et al. Geodesy by Radio Interferometry: Effects of Atmospheric Modeling Errors on Estimates of Baseline Length[J]. Radio Science, 1985, 20: 1593-1607.

[177] Herring T. A. Modeling atmospheric delay in the analysis of space geodetic data, in refraction of transatmospheric signals in geodesy[J]. Proc. of the Symp. Hague, 1992,19-22.

[178] Niell A. E. Global mapping functions for the atmosphere delay at radio wavelengths [J]. J. G. R., 1996, 101 (B2): 3227-3246.

[179] Mendes V. B., Prates G., Pavlis E. C., Pavlis D. E. et al. Improved mapping function for atmospheric refraction correction in SLR[J], G. R. L, 2002, 29(10): 53-1.

[180] 严豪健. 映射函数对天文大气折射的改进[J]. 天文学报,

1998,39(2): 113 - 121.

[181] Yan H. J., Wang G. L. New consideration of atmospheric refraction in laser ranging data[J]. MNRAS, 1999, 307: 605 - 610.

[182] Ping J. S., Yan H. J., Wang G. L. et al. A comparison of different tropospheric mapping function by elevation cut-off tests[J], MNRAS,1997,287: 812 - 816.

[183] Zhang F. P., Huang C., Liao X. H. et al. Precision ERS-2 orbit determination combining multiple tracking techneques [J]. Chinese Science Bulletin, 2001, 46(20): 1756 - 1760.

[184] Yan H. J. A new expression for astronomical refraction[J]. AJ,1996,112(3): 1312 - 1316.

[185] Yan H. J. Introduction of atmospheric refraction computation software SHAOMF[J]. 上海天文台年刊, 1999,20: 71 - 75.

[186] Kursinski E. R., Hajj G. A., Schofield T, et al. Observing Earth's atmosphere with radio occulatation measurements using the Global Positioning System[J]. J Geophys. Res, 1997, 102(D19): 23429 - 23465.

[187] Wickert J, Reigber C, Beyerle G, et al. Atmosphere sounding by GPS radio occulation: first results from CHAMP[J]. Geophysical Research Letters, 2001, 28 (17): 3263 - 3266.

[188] Rocken C., Kuo Y. H., Schreiner W, et al. Cosmic system description [J]. Terrestrial, Atmospheric and Oceanic Science, 2000, 11(1): 21 - 52.

[189] Hocke K. Inversion of GPS meteorology data[J]. Ann. Geophys, 1997, 15: 443 - 450.

[190] Hajj G. A., Kursinski E. R., Romans L. J., et al. A technical description of atmospheric sounding by GPS cccultation[J]. Journal of Atmospheric and Solar-Terrestrial

Physics，2002，64：451－469.

［191］郭鹏，严豪健，洪振杰等．中性大气掩星标准反演技术［J］．天文学报，2004，46(1)：96－107.

［192］郭鹏，蔡风景，洪振杰等．非圆轨道 GPS/LEO 掩星反演地球大气参数的算法及讨论［J］.天文学报，2004，45(2)：204－212.

［193］郭鹏，严豪健，洪振杰等．GPS/LEO 掩星技术中 Abel 积分变换的奇点问题［J］．天文学报，2004，45(3)：330－337.

［194］Eyre J，Assimilation of radio occultation measurements into a numerical weather prediction system，Tech. Memo. 199，Eur. Cent. For Medium Range Weather Forecasts Reading，England，1994.

［195］Zou X.，Vandenberghe F.，Wang B.，et al. A ray-tracing operator and its adjoint for the use of GPS/MET refraction angle measurements［J］. J Geophys Res，1999，104(D18)：22301－22318.

［196］Zou X.，Wang B.，Liu H.，et al. Use of GPS/MET refraction angles in three-dimensional variational analysis［J］. Q. J. R. Met. Soc.，2000，126：3013－3040.

［197］Palmer P. I，Barnett J. J，Eyre J. R，et al. A nonlinear optimal estimation inverse method for radio ocuultation measurements of temperature，humidity and surface pressure［J］. J. Geophys Res，2000，105 (D13)：17513－17526.

［198］Zou X，Kuo Y. H.，Guo Y. R. Assimilation of atmosphere radio refractivity using a nonhydrostatic adjoint model［J］. Mon. Wea. Rev.，1995，123：2229－2249.

［199］Healy S. B.，Eyre J. Retrieving temperature，water vapour and surface pressure information from refractive-index profile derived by radio occultation：A simulation study［J］. Q. J. R. Meteorol. Soc，2000，126：1661－1683.

[200] Poli P.，Joiner J.，Kursinski E. R. 1DAVAR analysis of temperature and humidity using GPS radio occultation refractivity data[J]. J. Geophys. Res，2002，107(D20)：4448，doi：10.1029/2001JD000935.

[201] Kuo Y. H.，Sokolovskiy S. V.，Anthes R. A.，et al. Assimilation of GPS radio occultation data for numerical weather prediction[J]. Terrestrial Atmospheric and Oceanic Science，2000，11(1)：157－186.

[202] Press W. H.，Flannery B. P.，Teukolsky S. A.，et al. Numerical Recipes：the Art of Scientific Computing，Second Edition[M]. Cambridge University Press，Chap. 6，205－214，1992.

[203] Gadd A. J.，Barwell B. R.，Cox S. J.，et al. Global processing of satellite sounding radiances in a numberical weather prediction system[J]. Q. J. R. Meteorol. Soc，1995，121：615－630.

[204] Steiner A. K.，Kirchengast G.，Ladreiter H. P. Inversion，error analysis and validation of GPS/MET occulation data [J]. Ann. Geophys，1999，17：122－138.

[205] 严豪健，郭鹏，洪振杰. GPS/LEO掩星技术中超折射效应的修正[J]. 天文学报，2004，45(4)：437－446.

[206] 严豪健，张贵霞，郭鹏等. CHAMP观测资料的振幅反演初步结果[J]. 天文学报，2005，46(1)：84－95.

[207] Kuo Y. H.，Wee T. K，Sokolovskiy S V，et al. Inversion and error estimation of GPS radio occultation data[J]. J Meteorol Soc Japan，2004，11(1)：157－186.

[208] Sokolovskiy S. V. Modeling and inverting radio occultation signals in the moist troposphere[J]. Radio Science，2001，36(3)：483－498.

攻读博士期间发表的论文、专著及研究的科研项目

论文

[1] HONG Zhenjie, ZHOU Xianwei and HU Yuda. Semi-continuity of point-to-set Map and Connectedness of Efficient Point Set[J]. OR Transaction, 2005, 9(1): 32 - 36.

[2] HONG Zhenjie and GUO Peng. On the Reliability of Establishing Mapping Function with Standard Atmosphere[J]. Chin. Astron. Astrophy., 2004, 28(2): 200 - 211 (SCI 检索号: 829EC).

[3] HU Yuda, HONG Zhenjie and ZHOU Xuanwei. Utopian preference mapping and the utopian preference mthod for group multiobjective optimization[J]. Progress in Nature Science, 2003, 13(8): 573 - 577 (SCI 检索号: 708GJ).

[4] HONG Zhenjie and HU Yuda. Closeness and Semi-continuity of Point-to-set Map in Vector Optimization[J]. Proceedings of 2002 International Conference on Mathematical Programming, Shanghai, 2002,197 - 200.

[5] HONG Z. J. and Zhen Z. A New Approach to Images in the Information Hiding Technology [J]. Computer Science and Technology in New Century, 929 - 931, International Academic Publishers, 2001.

[6] ZHOU Xuanwei, HONG Zhenjie and LI Jing. Stochastic Borda-Number Method for Group Decision Making with Stochastic Preference [J]. OR Transaction, 2004, 8 (4):

54 - 60.
[7] 胡毓达，周轩伟，洪振杰. 随机偏爱群体决策的随机偏爱数法[J]. 第二届全国决策科学/多目标决策研讨会论文集. 温州大学学报，2002,15(3)：11 - 15.
[8] 洪振杰，郭鹏. 标准大气模型建立映射函数的可靠性讨论[J]. 天文学报，2004,45(1)：68 - 78.
[9] 郭鹏，洪振杰，张大海. COSMIC 计划[J]. 天文学进展. 2002, 20(4)：324 - 336.
[10] 洪振杰，胡洪晓. 无线电信号传播的多相位屏数学模型及数值模拟[J]. 上海大学学报，2005（已录用）.
[11] 洪振杰，郭鹏，严豪健等. GPS 掩星折射率剖面一维变分同化[J]. 天文学报，2005（已录用）.
[12] 郭鹏，严豪健，洪振杰等. 中性大气掩星标准反演技术[J]. 天文学报，2005，46(1)：96 - 106.
[13] 郭鹏，严豪健，洪振杰等. GPS/LEO 掩星技术中 Abel 积分变换的奇点问题[J]. 天文学报，2003,44(3)：332 - 337.
[14] 洪振杰，徐徐. 关于弱有效点集的稳定性的一个注解[J]. 温州师范学院学报，2003,24(5)：47 - 49.
[15] 洪振杰，毛传挺. 群体多属性决策的属性权重不完全信息的集结[J]. 温州师范学院学报，2004,25(5)：44 - 47.
[16] 洪振杰，叶帆. 关于群体惩罚评分映射的理性条件[J]. 系统工程理论与实践，2005,25(4).
[17] 叶帆，洪振杰. 关于群体偏比映射理性条件的探讨[J]. 温州师范学院学报，2005，26(2).
[18] 洪振杰，徐徐，叶帆. 不完全信息群体多属性决策弱序关系和偏爱强度法[J]. 杭州电子科技大学学报，2005（已录用）.
[19] 叶帆，洪振杰. 不完全信息群体决策专家权重的集结[J]. 应用数学与计算数学学报，2005（已录用）.

专著

严豪健，符养，洪振杰. 现代大气折射引论[M]. 上海：上海科技教育出版社，2005.

研究的科研项目

[1] 国家自然科学基金项目“不完全信息群体决策和群体多目标决策”(NO. 70071026)，主研人员，获资助计 5 万元。

[2] 中国科学院国防科技创新基金项目“GPS/LEO 掩星技术探测地球折射场和密度场”(NO. CXJJ - 97)，主研人员，获资助计 6 万元。

[3] 浙江省教育厅科研规划课题项目“群体多目标决策的有效性理论”(NO. 2000Z005)，主持人，获资助计 5 千元。

致　谢

衷心感谢我的两位导师张连生教授和胡毓达教授。

在数年攻博的学习生涯中，两位恩师一直给予我亲切的指导、热情的帮助和无微不至的关怀。本论文能顺利完成主要归功于：入学第一年，在上海大学脱产学习期间，张连生教授为我打下了良好的基础；此后，在从事科学研究和撰写论文期间，胡毓达教授对我的悉心指导。

我有幸参加了胡毓达教授主持的国家自然科学基金项目“不完全信息群体决策和群体多目标决策”，受益良多，本文的主要工作就是该基金项目系列成果的部分结果。对我的每一篇论文，胡老师都进行了反复的推敲和精心的修改，提出许多富有创意的意见，使得论文不断完善，也使我的论文写作和研究水平有了很大的提高。文中每一个细节都融入了胡老师的心血。在此，对胡老师再一次表示深深的谢意。

两位导师渊博的学识、严谨的治学态度、博大的胸襟和对学术知识执着的追求，给了我极大的鼓舞和鞭策，并将成为我终身受益的宝贵精神财富。

感谢上海天文台严豪健教授引导我走上了大气折射的研究道路，并参与中国科学院国防科技创新基金项目“GPS/LEO 掩星技术探测地球折射场和密度场”的研究。面对深邃的星空和海量的数据，我常常体会到了一个数学工作者的无奈和苍白。正是因为严教授的悉心帮助和鼓励，使得我有了继续蹒跚前行的勇气。

感谢我的师兄弟周轩伟博士、李静博士、孟志青博士、王晓敏博士、于丽英博士、凌晨博士、秦志林博士、黄月芳博士、王广斌博士等，他们曾给予我大力支持和热情帮助。也感谢我的朋友徐徐女士和我的学生叶帆女士曾给予的帮助。

长期以来，尤其是攻博学习期间，我的工作单位温州大学数学与信息科学学院的领导和同事，在工作、学习、生活等诸多方面，都给予我极大的关心、支持和帮助，在此对他们表示深深的谢意。

最后，特别要感谢我的家人。长期以来，特别是在数年攻博期间，他们给我以极大的关心、支持和鼓励。尤其是我亲爱的妻子和女儿对我生活上的关怀、事业和学业的支持和理解，是我的精神支柱和力量源泉，也是我顺利完成学业的动力。

再一次向所有指导、关心、支持、帮助和鼓励我的人表示最为真挚的谢意！

洪振杰

2005 年 3 月